JN281608

**6** 応用化学シリーズ

# 触媒化学

上松 敬禧
中村 潤児
内藤 周弌
三浦 弘
工藤 昭彦
・・・・・・・・・・［著］

朝倉書店

**応用化学シリーズ代表**

佐々木義典　　千葉大学名誉教授

**第6巻執筆者**

上松敬禧　　千葉大学名誉教授
中村潤児　　筑波大学物質工学系教授
内藤周弌　　神奈川大学工学部応用化学科教授
三浦　弘　　埼玉大学工学部応用化学科教授
工藤昭彦　　東京理科大学理学部応用化学科教授

## 『応用化学シリーズ』
### 発刊にあたって

　この応用化学シリーズは，大学理工系学部2年・3年次学生を対象に，専門課程の教科書・参考書として企画された．

　教育改革の大綱化を受け，大学の学科再編成が全国規模で行われている．大学独自の方針によって，応用化学科をそのまま存続させている大学もあれば，応用化学科と，たとえば応用物理系学科を合併し，新しく物質工学科として発足させた大学もある．応用化学と応用物理を融合させ境界領域を究明する効果をねらったもので，これからの理工系の流れを象徴するもののようでもある．しかし，応用化学という分野は，学科の名称がどのように変わろうとも，その重要性は変わらないのである．それどころか，新しい特性をもった化合物や材料が創製され，ますます期待される分野になりつつある．

　学生諸君は，それぞれの専攻する分野を究めるために，その土台である学問の本質と，これを基盤に開発された技術ならびにその背景を理解することが肝要である．目まぐるしく変遷する時代ではあるが，どのような場合でも最善をつくし，可能な限り専門を確かなものとし，その上に理工学的センスを身につけることが大切である．

　本シリーズは，このような理念に立脚して編纂，まとめられた．各巻の執筆者は教育経験が豊富で，かつ研究者として第一線で活躍しておられる専門家である．高度な内容をわかりやすく解説し，系統的に把握できるように幾度となく討論を重ね，ここに刊行するに至った．

　本シリーズが専門課程修得の役割を果たし，学生一人ひとりが志を高くもって進まれることを希望するものである．

　本シリーズ刊行に際し，朝倉書店編集部のご尽力に謝意を表する次第である．

　2000年9月

　　　　　　　　　　　　　　　　　　シリーズ代表　佐々木義典

# は じ め に

　今日の高度技術・情報化社会が，量・質ともに豊かな物質に支えられていることは周知のことであるが，それらは，いずれも化学反応の結果生み出されてきたものである．この化学反応の大半は，その陰で活躍する触媒の働きによることを改めて認識する必要があろう．生命現象を司り，光合成や化石資源の資源・エネルギーの変換から新規化合物の大量合成に至るまで，種々の化学反応を推進する「触媒とはなにか」の理解を深めることで，資源，エネルギー，環境，バイオの世界の本質を知り，懸念すべき課題の解決への道へつながることが期待される．

　このような観点から，本書は大学や高専における教科書として，触媒化学の要点を説き起こし，「考える講義」の一助となることを目的とした．触媒化学に関しての優れた教科書や専門書は数多く出版されているが，あえて，次のような試みを追求した．(1)高度科学技術社会の成立過程で触媒の果した役割を歴史的に示し，資源・エネルギー・環境に関わる明日への期待を示唆すること．(2)元素に依存し，経験から生み出された触媒化学に，構造要因としての表面ナノ構造の重要性を示すこと．(3)解明されつつある反応機構を出来るだけわかりやすく記述すること．(4)具体的な触媒の調製法や構造解析法を平易に記述し，材料としての触媒に興味をもてるよう工夫すること．(5)光触媒や水素エネルギーなど，明日の資源・エネルギーに関連したフロントを紹介し，展望を記述すること．

　スペースの関係から，やや固体触媒に偏っており，なかには，必ずしも確立した技術として成立していないものも含まれているが，日進月歩の触媒化学の進展とともに，生きた教科書としたいと願ってのことである．

　本書の執筆には，この分野で活躍し，大学でユニークな講義を実践している仲間が協力して企画し，意見交換を重ねて執筆した．企画会議以来3年，終始遅筆の著者らを励まし，ご協力いただいた朝倉書店編集部の方々に感謝する．

2004年2月

執筆者を代表して　上 松 敬 禧

# 目　　次

**1. 触媒とはなにか** ……………………………〔上松敬禧〕… 1
　1.1 生命の誕生と進化の秘密 ………………………………… 1
　1.2 触媒の概念と定義の変遷 ………………………………… 3
　1.3 非触媒反応と触媒反応 …………………………………… 6
　1.4 触媒に要求される4要素 ………………………………… 9
　1.5 どんな触媒があるか ……………………………………… 10
　1.6 固体触媒と分子触媒の違い ……………………………… 12

**2. 触媒の歴史と役割** …………………………〔上松敬禧〕…14
　2.1 触媒の科学と技術はこうして始まった ………………… 14
　2.2 触媒の科学と技術の発展 ………………………………… 17
　2.3 資源・エネルギー・環境の触媒 ………………………… 19
　2.4 活躍する触媒 ……………………………………………… 22
　2.5 触媒技術の変化と発展 …………………………………… 25
　　2.5.1 アクリロニトリル合成触媒の例 …………………… 25
　　2.5.2 酢酸合成触媒の例 …………………………………… 25
　　2.5.3 メタクリル酸メチル（MMA）合成触媒の例 ……… 25
　　2.5.4 オレフィン重合触媒の例 …………………………… 27
　　2.5.5 アンモニア合成触媒の例 …………………………… 28
　2.6 日本における工業触媒 …………………………………… 28

**3. 固体触媒の表面** ……………………………〔中村潤児〕…30
　3.1 固体触媒 …………………………………………………… 30
　3.2 担持金属触媒 ……………………………………………… 31
　　3.2.1 金属微粒子の形態 …………………………………… 31
　　3.2.2 担持金属の分散度 …………………………………… 33

3.3 固体触媒の複雑性と表面科学 ………………………………………… 33
3.4 単結晶の表面構造 ………………………………………………………… 37
　3.4.1 表面構造モデル ……………………………………………………… 37
　3.4.2 表面構造の特徴 ……………………………………………………… 39
3.5 表面の電子状態 …………………………………………………………… 40
　3.5.1 バンド構造 …………………………………………………………… 40
　3.5.2 遷移金属のバンド構造 ……………………………………………… 42
　3.5.3 表面バンド構造と吸着 ……………………………………………… 44
　3.5.4 金属酸化物表面の電子状態 ………………………………………… 46

## 4. 固体触媒反応の素過程と反応速度論　〔中村潤児〕… 48

4.1 表面での素過程 …………………………………………………………… 48
4.2 吸　着 ……………………………………………………………………… 49
　4.2.1 物理吸着と化学吸着 ………………………………………………… 49
　4.2.2 化学吸着の選択性 …………………………………………………… 50
　4.2.3 吸着のタイプと規則的配列 ………………………………………… 53
4.3 吸着の速度論 ……………………………………………………………… 55
　4.3.1 衝突頻度と吸着速度 ………………………………………………… 55
　4.3.2 ラングミュアー吸着の速度式 ……………………………………… 56
　4.3.3 解離吸着の速度論 …………………………………………………… 57
4.4 脱　離 ……………………………………………………………………… 58
　4.4.1 脱離の速度式 ………………………………………………………… 58
　4.4.2 昇温脱離実験 ………………………………………………………… 60
4.5 吸着脱離平衡 ……………………………………………………………… 61
　4.5.1 ラングミュアー吸着等温線 ………………………………………… 61
　4.5.2 ラングミュアー型の競争吸着 ……………………………………… 62
4.6 表面反応 …………………………………………………………………… 63
4.7 一般の反応速度論 ………………………………………………………… 64
　4.7.1 定常状態近似法 ……………………………………………………… 64
　4.7.2 予備平衡の仮定 ……………………………………………………… 67
4.8 固体触媒反応の反応速度論 ……………………………………………… 68

  4.8.1　定常状態近似の適用 ………………………………………… 68
  4.8.2　反応速度式の検証 ………………………………………………… 72
  4.8.3　律速過程の切り替わりと見かけの活性化エネルギー ……… 73

## 5. 触媒反応機構 ……………………………………〔内藤周弌〕… 76
 5.1　触媒反応における素反応の組立て ……………………………… 76
  5.1.1　火山型活性序列 …………………………………………………… 77
  5.1.2　構造敏感反応と構造鈍感反応 ………………………………… 78
  5.1.3　均一系触媒反応の素過程 ……………………………………… 79
 5.2　反応機構決定法 …………………………………………………………… 80
  5.2.1　速度論的アプローチ ……………………………………………… 81
  5.2.2　反応中の吸着量測定・反応中間体の同定 ………………… 82
  5.2.3　過渡応答法および同位体追跡法 ……………………………… 82
  5.2.4　モデル触媒での検討 ……………………………………………… 83
 5.3　触媒反応機構の実例 ……………………………………………………… 85
  5.3.1　アンモニア合成 …………………………………………………… 85
  5.3.2　一酸化炭素の水素化反応 ……………………………………… 87
  5.3.3　炭化水素の脱水素・水素化分解・異性化反応 …………… 90
  5.3.4　メタンの転換反応 ………………………………………………… 92
  5.3.5　オレフィンの接触酸化反応 …………………………………… 93
  5.3.6　均一系触媒反応の機構 …………………………………………… 95

## 6. 触媒反応場の構造と物性 …………………………〔三浦　弘〕… 99
 6.1　触媒機能を支配する因子 ……………………………………………… 99
  6.1.1　物 質 要 因 ………………………………………………………… 99
  6.1.2　構 造 要 因 ………………………………………………………… 100
 6.2　固体触媒における反応場の構造 ……………………………………… 102
  6.2.1　金属酸化物表面の活性点の構造 ……………………………… 102
  6.2.2　複合効果による活性点の形成 ………………………………… 105
 6.3　触媒の物理構造 …………………………………………………………… 109
  6.3.1　結晶と表面積 ……………………………………………………… 109

6.3.2　BET法 ……………………………………………… 109
　　6.3.3　一点法（簡便法）…………………………………… 110
　　6.3.4　細孔構造の測定 ……………………………………… 111
　6.4　工業触媒の構造 …………………………………………… 112
　6.5　化学的方法によるキャラクタリゼーション …………… 114
　　6.5.1　滴定法による酸点・塩基点の測定（指示薬滴定法）………… 114
　　6.5.2　金属の分散度の測定 ………………………………… 115
　　6.5.3　昇温脱離法と昇温反応法 …………………………… 116
　　6.5.4　吸着分子の赤外スペクトル測定 …………………… 118
　　6.5.5　特性評価のための典型的反応 ……………………… 119
　6.6　機器分析によるキャラクタリゼーション ……………… 120
　　6.6.1　粉末法X線回折 ……………………………………… 120
　　6.6.2　電子顕微鏡 …………………………………………… 121
　　6.6.3　X線光電子分光法 …………………………………… 123
　　6.6.4　蛍光X線分析 ………………………………………… 125
　　6.6.5　X線吸収端微細構造スペクトル …………………… 125
　　6.6.6　固体NMR …………………………………………… 126

## 7.　触媒の調製と機能評価 ………………………〔三浦　弘〕… 127
　7.1　触媒調製 …………………………………………………… 127
　　7.1.1　固体触媒の調製 ……………………………………… 127
　　7.1.2　代表的な触媒の調製法とその原理 ………………… 128
　7.2　触媒反応特性の評価 ……………………………………… 134
　　7.2.1　活性試験 ……………………………………………… 134
　　7.2.2　選択性 ………………………………………………… 135
　　7.2.3　寿命 …………………………………………………… 137
　7.3　触媒活性の試験装置 ……………………………………… 139
　　7.3.1　回分式反応器 ………………………………………… 139
　　7.3.2　連続流通式反応器 …………………………………… 141
　　7.3.3　パルス法反応装置 …………………………………… 145

# 8. 環境・エネルギー関連触媒 〔工藤昭彦〕 … 147

## 8.1 環境触媒 … 147
### 8.1.1 自動車触媒 … 147
### 8.1.2 脱硫触媒 … 151
### 8.1.3 二酸化炭素固定触媒 … 154
### 8.1.4 環境浄化型光触媒反応 … 155

## 8.2 エネルギー関連触媒 … 157
### 8.2.1 燃料電池 … 157
### 8.2.2 水素製造 … 162
### 8.2.3 光触媒を用いた水の分解反応 … 164
### 8.2.4 色素増感太陽電池 … 171

付　表 … 173
索　引 … 177

# 1

## 触媒とはなにか

### 1.1 生命の誕生と進化の秘密
—そこに触媒があった—

　化学反応は分子・原子の組み替えを行うことで化学物質を新しく創造したり，変換したりするプロセスのことである．化学反応の種類は多いが，その90％を超す多くの化学反応が"触媒"によって促進されている．その触媒はいつから生まれたのだろうか．今から約46億年前に地球が誕生して間もなく，原始大気中のアンモニア，メタン，水素，水などに放射線や熱によって最初にアミノ酸やアルデヒドが生成し，さらに，核酸やアミノ酸の重合した高分子であるタンパク質が生成したと考えられている．続いて，これらが，例えば粘土鉱物などの層間で濃縮され，重合を経て，触媒機能を持った高分子の核酸が生成し，その働きで，無生物から分子生物の生命誕生となったものとされている．

　この過程では，自己増殖機能すなわち遺伝子情報を持つリボゾーム，すなわち，リボザイム（リボソーム RNA＋酵素）が触媒として作用したものと思われる．さらに高等生物への進化の過程でも，さまざまな生体内における化学反応を酵素 (enzyme) の活躍で推進した．ATP を効率よく合成するミトコンドリアにも多くの酵素群が存在する．また植物では葉緑素の触媒作用により，光合成により炭化水素と酸素を合成してきた．

　太古の地球環境でアミノ酸からタンパク質へ，タンパク質から分子生物の発生に際して，遺伝子の誕生が先か，遺伝子の生成を促す酵素（触媒）の形成が先かは興味のつきない問題である．歴史に If（もし）はないとしても，葉緑素という触媒がなかったとしたら，太陽エネルギーを用いて水と二酸化炭素から糖と酸素の合成はあり得なかったことも事実である．これは，換言すれば，太陽エネル

ギーの化学エネルギーへの固定でもあり，今日の石油・石炭などの化石燃料は，太陽エネルギーのいわば缶詰である．やがて原始生物が自己修復と自己増殖を繰り返し，各種の遺伝情報を継承して種を保存し，新たに獲得した情報を取り込んで急速に進化した過程は，依然として謎につつまれてはいるものの，ここにも多くの酵素が関与してきたことは確かである．

やがて近代化学の誕生とともに，人類は自らの経験と知恵で，ケミストリー（化学）を科学の領域として確立し，それまでになかった多くの化合物を天然物，化石資源，水と空気から合成してきた．そして自然界の動植物，天然鉱物のみに依存した文明から，自らの手で創造した量的にも質的にも優れた化合物の恩恵によって，今日の豊かな物質文明の社会が支えられている．

人類が火と道具，言葉を発明したことから，他の生物とは異なる文明が生まれた．なかでも火を使うことで，石器から進んで土器を作成し，食物の加工や貯蔵が可能となり，新しい物質や材料の生産と利用によって文明が飛躍的に発達した．火を使う技術は，真に経験としての"化学"の始まりともいえるが，このきわめて初歩の化学のなかにも，その反応を促進する経験的な触媒が働いていたことは事実であろうし，貯蔵した食物の発酵による干物，チーズ・漬け物や酒・ワインを知ったとき，酵素の触媒作用を経験したことになる．

かつて錬金術が"金"という物質への欲望を駆動力として，さまざまな実験と経験を積み，科学・技術としての"アルケミー"（Alchemy）が生まれたが，結局，水銀や鉄を金へ変換する目的は成功しなかった．その代わりに，原子・分子を縦横に組み合せて，新しい化合物や機能を創造する"化学"が目覚しく発展した．つまり，原子・分子の組み替えを促進する"魔法の薬としての触媒はあり得ても，元素の創造変換（核化学）の触媒を得ることはできなかったわけである．

今日のわれわれも，自らの知恵で新しい触媒を合成して多くの化学反応を創出し，多様な分野で触媒反応を展開し，日常的に利用している．触媒の世界は，依然として魅力に富んだ未知の世界であり，限られた92種類の元素から，多種多様な有用化合物を合成するのは触媒の使命である．生命現象の根底にある生化学反応におけるバイオ触媒から，資源変換の工業触媒，各種のエネルギーを変換する触媒，さらには，地球環境を保全する環境触媒などの"触媒の世界"は興味深く，地球人としてこれを理解することは，重要な課題である．

## 1.2 触媒の概念と定義の変遷

　今日の意味での触媒の科学と技術の歴史は必ずしも長くはない．それは，20世紀の初頭に行われた空中窒素の固定化によるアンモニア合成の研究とともに始まったといえる．元素の発見から，天然物の化学組成の分析が行われ，分子の概念が確立して近代化学が誕生した．続いて化学反応が物理変化と区別され，化学平衡と反応速度の違いの本質が次第に明らかにされた．この理解をベースに，ハーバー（Haber）とボッシュ（Bosch）らによってアンモニアの工業的合成が成功し，それまで生物に依存していたアンモニアが無機物である窒素分子と，水素分子から合成できるようになった．この事実は，触媒の科学と技術の歴史がここから始まったこと，その結果，人類を食料の危機から救ったことの二点において重要な意味を持つ．

　それ以前にも，化学反応に第3物質を加えることで，反応が促進される現象があることは知られており，科学的根拠が不明のまま，このような物質を"魔法の石"あるいは，"賢者の石"と呼んでいた．化学反応を推進するのは神の意志でもなく，念力でもないことが徐々に明らかなるに伴い，触媒に関して古典的な触媒の概念が生まれ，さらに変遷した（表1.1）．

表1.1 触媒の概念の始まり

| 年　代 | 科学者名 | 概念・定義 |
| --- | --- | --- |
| 19世紀以前 | | 賢者の石，魔法の石． |
| 1811 | Kirchhof（ロシア） | でんぷんの水溶液に無機酸を入れると糖に分解される． |
| 1817 | Davy（英） | アルコールが加熱した白金によって燃焼する現象に気づいた． |
| 1831 | Phillips（英） | $SO_2$が白金/アスベストで酸化されることを指摘． |
| 1836 | Berzelius（スウェーデン） | 触媒の定義の最初：単体や化合物が，他の物質に対して化学親和力とは異なる作用を示すことがわかった．この作用は物質の分解や組み替えをするが，そのもの自体は変化しない．従来未知であったこの"新しい力"は有機物・無機物に共通のものであり，電気化学的な力とは別物である．この力を触媒力ということにする． |
| 1901 | Ostwald（独） | 触媒は化学反応の速度を変化させるが，最終的に生成物ではない． |
| 1913 | Sabatie（仏） | 触媒は化学反応をひき起こすか加速するが，それ自体は変化しないものである． |

すなわち，1836年スウェーデンのベルツェリウス（Berzelius）は，化学反応が陰電気性の原子と陽電気性の原子間の親和力で起こると考え，これに第3物質を接触させることで反応を促進する現象を説明し，接触物質の触媒力（Katalysche Kraft）が作用するという概念を導入した．この時点ではまだ化学の理論は確立しておらず，化学平衡と反応速度の区別が明確ではなかった時代である．

彼の用いたギリシャ語の"$\kappa\alpha\tau\alpha\lambda\eta\sigma$"は，"解放する"という意味を持つ．これに対してリービッヒ（Liebig）が，触媒の原子振動が反応を促進するとして反論し，その曖昧さを指摘した．その後，古典的な触媒の概念は，1901年のオストワルド（Ostwald）によってまとめられ，「触媒とは，化学反応の最終生成物ではなく，反応速度を変化させる物質」と定義された[1]．

オストワルドの研究室に留学した2人の日本の化学者のうち，池田菊苗は，このcatalysis（contact action）に"接触作用"という訳語をはじめて与え，大幸勇吉は"触媒作用"という訳語を与えた．反応物に接触して，化学反応を媒介する意味で真に名訳といえよう．現在でも触媒作用/触媒反応と同じ意味で，接触作用/接触反応という言葉があるのはそのためである．

そもそも触媒の本質とは何であろうか．また，反応に関与しながら化学反応の量論式には現われないということは生成物ではない．触媒が少量で反応を促進するとすれば溶媒ではない．結局，図1.1に示すような反応中間体Xが，"触媒の概念を説明するモデル"と考えられる．ここではX（触媒）は，反応の進行中に反応物Aと反応して，反応中間体AXを生成する．しかし最終的には再び元のXへ戻り，以後これを繰り返す．したがって正味の反応式（化学量論式）にはXは現われない．いわば触媒はドラマを陰で推進する黒子（くろこ），あるいはむしろ，プロデューサーというべきかもしれない．現在では触媒の本質が理解され，その理論も成熟した結果，この触媒の定義は古典的定義から，表1.2のようにさらに正確になった．

この定義の意味について明らかにするために，具体例として，典型的な分子触媒のウィルキンソン（Wilkinson）錯体による水素化の機構を図1.2に示そう．触媒の前駆体のウィルキンソン錯体 $RhCl(PPh_3)_3$ ①は，溶媒中で配位子$(PPh_3)_3$の一つを失い，溶媒和した$RhCl(PPh_3)_2$ ②と平衡関係にある．さらに，

---

[1] *Phys. Z.*, **3**, 313, (1901)

## 1.2 触媒の概念と定義の変遷

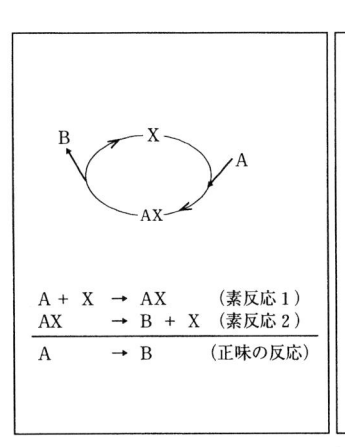

```
    B ← X
       ○   ↗ A
    AX ↙

A + X  →  AX      （素反応1）
AX     →  B + X   （素反応2）
─────────────────────────
A      →  B       （正味の反応）
```

1. 反応物 A は最初の段階で X と反応して，反応中間体 AX を作る．
2. 反応中間体 AX は第2段階で，生成 B と X を生成する．
3. X は再び反応物 A と反応して第1段階からこのサイクルを繰り返す．

その結果，化学反応（の量論）式には，X は現われず，消費もされないが，反応の"仲人" X の関与によって推進される．この X が触媒の機能のモデルである．閉鎖型のラジカル反応も同様なモデルで表わされ，この場合 X はチェインキャリヤーと呼ばれている．

**図 1.1** 触媒のモデル

**表 1.2** 触媒の定義

- **触媒の古典的定義**
  1. 触媒は，反応系に関与して，その速度を変化させる第3物質．
  2. ごく少量で効果がある．
  3. それ自身は変化しない．

- **現在の触媒の定義**
  1. 触媒（物質）は，反応物でも生成物でもなく，反応に関与する第3物質である．したがって，溶媒と同様に化学反応（の量論式）には現われない．
  2. 触媒は，少量で反応を促進する．しかし，その化学平衡を変化させることはできないが，反応速度を高める機能を持つ．
  3. 触媒は，化学反応のルート（素反応の経路）を新しく創造するか，既存のルートの活性化エネルギーを低下させることで，結果として全体の反応速度を増大させる．
  4. 触媒（物質）は素反応段階では，反応物または反応中間体と相互作用を通してそれ自身は変化することもあるが，全体の反応が完結した段階では元の状態に戻り，繰り返し働くことにより，化学反応を促進する．

---

$H_2$ 分子の酸化的付加反応によりジヒドリド錯体③を形成し，続いて，残りの空配位にオレフィンが $\pi$-配位し④，さらに，M-H 結合に挿入して，アルキル錯体⑤を形成する．水素化反応は残る配位水素が付加してパラフィンを生成し，錯体は再び②の状態に戻り，触媒サイクルが完了する．以下これを繰り返すことで触媒反応が進行する．

注目すべきは，反応中に形成される反応中間体②～⑤は比較的安定で，分光学的にその存在を確認したり，一部は結晶化させて取り出して，構造を確定する

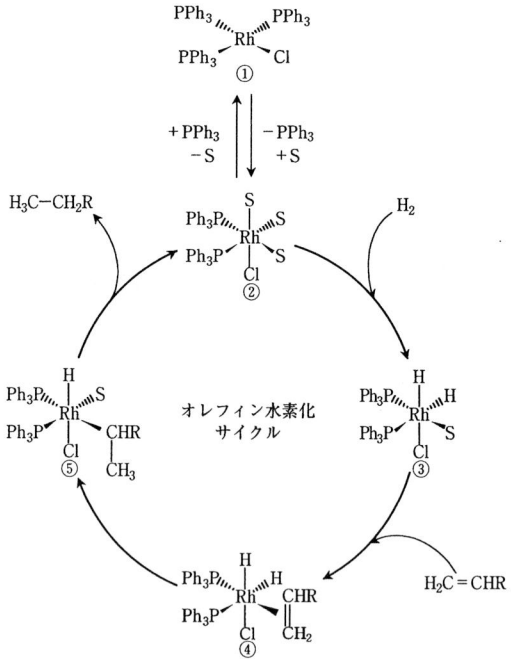

**図 1.2** 触媒反応のモデルメカニズム
例：ウィルキンソン錯体による水素化の機構.

ことができる．すなわち，触媒として加えた物質①は，そのまま触媒ではなく，②となって初めて触媒機能を開始する．また，触媒といえども反応中に変化するが，最終的には，元の状態②へ戻ることがわかる．

## 1.3 非触媒反応と触媒反応

例えば，水素と酸素から水を生成する場合に，非触媒（熱）反応と触媒反応をモデル的に比較し，なぜ触媒を用いるのか，その理由を考えてみよう．この反応は経験上は爆発的に進行する．したがって"容易に起こる反応"と考えられやすいが，原理的にはそれほど簡単ではない．非触媒的には以下のラジカル反応で進行する[*2)].

---

*2) 実際にはもう少し複雑な機構とされる．

## 1.3 非触媒反応と触媒反応

| | | | | |
|---|---|---|---|---|
| $H_2$ | $\rightleftharpoons$ | $2H\cdot$ | (1) | 開始反応 |
| $O_2$ | $\rightleftharpoons$ | $2O\cdot$ | (2) | 開始反応 |
| $H\cdot + O_2$ | $\rightleftharpoons$ | $OH\cdot + O\cdot$ | (3-1) | 生長反応 |
| $O\cdot + H_2$ | $\rightleftharpoons$ | $OH\cdot + H\cdot$ | (3-3) | 生長反応 |
| $OH\cdot + H_2$ | $\rightleftharpoons$ | $H_2O + H\cdot$ | (3-2) | 生長反応 |
| $H_2 + (1/2)O_2$ | $\longrightarrow$ | $H_2O$ | | 正味の反応 |

　なお，停止反応は(1)，(2)の逆反応であり，このほか気相，あるいは器壁上で起こるラジカル失活もあるが省略した．反応の開始には熱解離で水素ラジカル $H\cdot$ または 酸素ラジカル $O\cdot$ の生成が必要である．その後は，生長反応（3-1），(3-2)，(3-3) を通して連鎖キャリヤー（$H\cdot$，$O\cdot$，$OH\cdot$）を増殖しつつ進行する．そして一度ラジカルが生成すれば，各生長反応で連鎖キャリヤーがシャワーのように増殖し，急速に反応が進行する．いわゆる分岐型連鎖反応による爆発反応の典型である．

　ここで，各生長反応の活性化エネルギーは，開始反応(1)，(2)の活性化エネルギーよりもかなり小さいと考えられる．したがって，全体の反応の律速過程は二つの開始反応のいずれかになる．開始反応の結合解離エネルギーは $\Delta H(1) = 436$ kJ·mol$^{-1}$，$\Delta H(2) = 463$ kJ·mol$^{-1}$であるので，少なくとも最初にこれらより十分なエネルギーを加えれば反応が開始され，あとは爆発的に進行する．しかし，このエネルギーを熱的に加えるには，1000℃以上の高温が必要であり，室温では実質上不可能である（定圧モル比熱 27 J·K$^{-1}$·mol$^{-1}$）．つまり，電気火花を飛ばすか，火炎を用いない限り，ほぼ永久に反応は起こらないことになる．しかし触媒として，例えば Ni や Pt などがわずかにでも存在すれば，反応はその表面で，しかも，室温で容易に静かに進行する．その機構は以下のように明らかに均一系ラジカル反応機構とは異なる．

| | | |
|---|---|---|
| $H_2 \rightleftharpoons 2H(ad)$ | (4) | Ni 上での解離吸着 |
| $O_2 + \rightleftharpoons 2O(ad)$ | (5-1) | Ni 上での解離吸着 |
| $H(ad) + O(ad) \longrightarrow OH(ad)$ | (5-2) | Ni 上での吸着錯体同士の表面反応 |
| $2OH(ad) \longrightarrow H_2O(ad) + H(ad)$ | (5-3) | Ni 上での吸着錯体同士の表面反応 |
| $H_2O(ad) \longrightarrow H_2O(g)$ | (6) | 脱　　離 |
| $2H_2 + O_2 \longrightarrow 2H_2O$ | (7) | 正味の反応 |

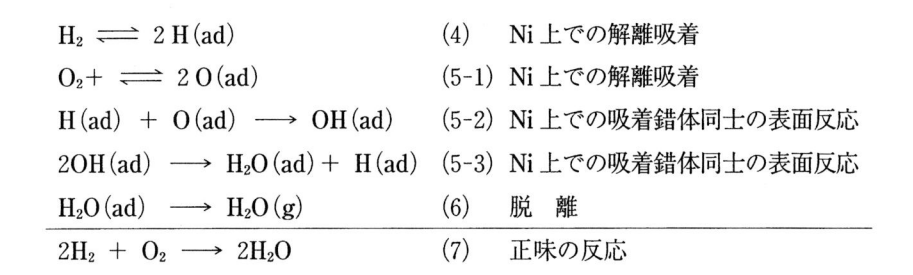

なお，正味の反応が1回完了するために必要な素反応の回数を化学量数（$\nu_i$）という．

ここでは $\nu_4=2$，$\nu_{5-1}=1$，$\nu_{5-2}=4$，$\nu_{5-3}=2$，$\nu_6=2$ である．この値を実験的に求めることで，どこが律速段階かを判定することも可能である．

律速段階は（5-2）の表面反応で，その活性化エネルギーは Ni の性状で異なるが，おそらく $100\,kJ\cdot mol^{-1}$ 以下の比較的小さな値である．注目してほしいのは，触媒を用いたことで反応の機構が明らかに変わっていることである．全体の反応の活性化エネルギーが低くなったのは，あくまでも反応機構が変わった結果であり，高校の教科書に書かれているように，「同じプロセスの活性化エネルギーを単純に下げているのではない」ことである．その意味では図1.3のように説明するのは，誤解を招きやすく，妥当ではない．

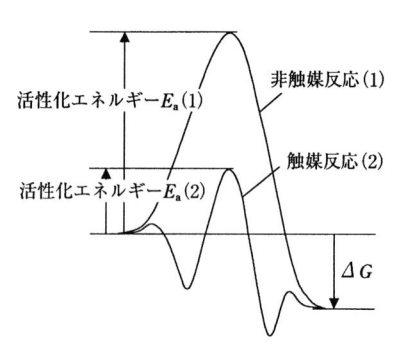

図 1.3　触媒反応と非触媒反応におけるエネルギープロファイルの比較

## 1.4 触媒に要求される4要素
―活性，選択性，寿命，低環境負荷―

　触媒の役割はまず，反応の速度を上げ，同じ時間で大量の目的生成物を生成することであるので，その尺度（活性）は単位触媒量，単位時間当たりの反応量，すなわち単位触媒量当たりの反応速度で表わすのが通常である．より厳密には，触媒活性点（固体触媒）または活性種（分子触媒）当たりで，単位時間に，何回反応を完結させるかの回数をターンオーバー頻度（Turn Over Frequency：TOF．単位例：mol-product, $S^{-1} \cdot$ mol-site$^{-1}$）という．これは活性サイトの性質を直接表現する基本的な尺度の一つである．

　またある反応時間内に，何回触媒サイクルを繰り返したかが問題になることがある．この価をターンオーバー数（Turn over Number：TON．単位例：mol-product, mol-site$^{-1}$）という．触媒反応でなく，単なる量論反応であれば，繰り返し反応が進行しないので，この値は1を超えない．

　触媒活性が高く，大量の生成物を生成するものがよい触媒であるが，高活性であることは，ともすれば目的以外の反応も同時に促進してしまうことがある．しかし，主反応のみを推進する機能に価値がある．そこで特定の反応のみを選択的に促進する能力，すなわち，選択性が重要な要件である．通常この選択性Sは，目的とする反応（main）と副反応（sub）の相対速度比（$S = r_m/r_s$）で表わす．また，便宜的に生成物の比率や転化率の比（$X_m/X_s$）で表現することも多い．精密な有機合成反応などにおける理想的な触媒は，特定の条件で目的物のみを選択率100％で生成する触媒である．一般に酵素は選択性が高い触媒といわれる．特に不斉合成などでは，異性体によって薬理効果などの性質が異なり，目的物の分離が困難なだけに，選択性は限りなく100％に近いことが理想的である．

　第3の機能は寿命である．触媒といえども，化学反応に関与しているうちに，毒物（poison）や，触媒自身の変質によって，再生が完全には起こらなくなることが現実である．そこで，実際には機能の低下した触媒では再生処理を行うこともある．

　さらに最近では，第4の重要な条件として，地球環境への負荷が少ないことが必要とされる．これは廃棄した場合を考慮して，触媒そのものが有害物質でないことは当然であるが，省エネルギーの観点からは低温で高活性であること，高選

択性のため副生物が無視できるほど少なく,分離操作を省略できることが望ましい.さらに,反応プロセスの数がより少ない反応ルートとを開発することで,反応装置や分離装置などの付帯設備を削減し,これらの建設費用や廃棄費用,運転経費を含めて,省資源・省エネルギー型の環境負荷係数(E-factor)の小さい触媒であることが重要な課題である.

## 1.5 どんな触媒があるか
―触媒の姿と分類―

(1) 相による触媒系の分類-均一系触媒/不均一系触媒

触媒の反応場の相と触媒物質の相が異なる場合を不均一系触媒,同じ場合を均一系触媒という.一般に触媒も反応物の相(状態)も気体,液体(溶液),固体のいずれかの状態である.金属錯体などの分子触媒では,多くの場合には溶液内の反応で,反応物,生成物と触媒も同一相内にあるので均一系触媒反応であり,固体触媒を用いる反応ではその多くが,気-固系または液-固系の不均一系触媒反応である.

(2) エネルギーによる分類

化学反応を進めるには,その速度障壁を越えるエネルギー(正確には活性化自由エネルギー)を供給することが必要である.供給エネルギーの形態は,多くの場合は熱エネルギーであり,このほか光エネルギーや電気エネルギーがある.これらを特に区別する必要がある場合には,光(化学)触媒,電気化学触媒などということがある.

(3) 触媒物質の種類による分類

金属触媒,金属酸化物触媒,金属錯体触媒,酸-塩基触媒という場合には,物質の種類で分類していることになる.さらに具体的にアルミナ担持白金触媒,ゼオライト触媒などと触媒化合物を示すことも多い.

(4) 化学反応の種類や目的による触媒系の分類

酸化還元触媒,水素化触媒 メタノール合成触媒などの表現や脱硫触媒,脱臭触媒,燃料電池触媒などの表現がこれにあたる.この表を見ると,同じ触媒物質が異なる反応や目的に使われており,これらの名称や分類が便宜上の理由で決まることが多いことがわかる.換言すると,"触媒"とは物質で定義するよりも,その触媒としての機能や性質で定義するほうがわかりやすいともいえる.

表 1.3 触媒の分類

| 分類または名称の根拠 | 分類名称 | 実例 |
|---|---|---|
| 触媒（相）の状態 | 気体触媒<br>液体触媒<br>固体触媒 | $HF$, $HCl$, $NO_2$<br>$H_2SO_4$, $H_3PO_4$<br>担持金属，金属酸化物 |
| 構造による分類 | 分子/イオン<br>ミセル<br>クラスター<br>高分子<br>アモルファス<br>層状化合物<br>結晶性多孔体<br>多結晶<br>担持金属 | $RhCl(PPh_3)_3$, $H^+$, $Fe^{3+}$<br>人工酵素<br>$Ru_3(CO)_{12}$, $Rh(CO)_x$, $Ph/ZMS\text{-}5$<br>酵素，イオン交換樹脂，高分子錯体<br>$SiO_2\text{-}Al_2O_3$，活性炭<br>モンモリロナイト，粘土鉱物<br>X-Zeol, ZSM-5<br>多くの固体触媒<br>$Pt/Al_2O_3$, $Pd/$活性炭, $Pd/SiO_2$, $Ru/Zeol$ |
| 触媒の化合物系の<br>種類，形態 | 金属触媒<br>金属酸化物触媒<br>金属錯体触媒<br>結晶性多孔体触媒<br>高分子触媒<br>酵素 | RaneyNi, Pt-colloid<br>$Al_2O_3$, $V_2O_5$, $TiO_2$<br>$RhCl(PPh)_3$<br>X, Y-Zeol, ZMS-5, MCM41<br>$PS\text{-}SO_3H$<br>酵母，消化酵素，呼吸酵素 |
| エネルギー形態 | 熱（化学）触媒<br>光触媒<br>電気化学触媒 | 大半の触媒<br>$TiO_2$, $MoO_x$, ZnO, 葉緑素<br>Pt/C, $TiO_2$ |
| 反応の種類 | 酸化触媒<br>還元触媒<br>脱硫触媒<br>脱硝触媒<br>異性化触媒<br>重合触媒<br>クラッキング触媒<br>アルコール合成触媒<br>アンモニア合成触媒 | $Ag/Al_2O_3$, $V_2O_5$<br>Raney-Ni<br>$Pt/Al_2O_3$, $MoS_2$<br>$Pt/Al_2O_3$<br>固体酸，固体塩基<br>$Al(OR)_n\text{-}TiCl_x$<br>LaX-Zeol<br>$CuO\text{-}ZnO\text{-}Al_2O_3$<br>$K_2O\text{-}Fe_2O_3/Al_2O_3$ |
| 目的 | 環境（浄化）触媒<br>脱臭触媒<br>自動車排ガス浄化触媒<br>燃料電池触媒 | $Pt/Al_2O_3$, $Pd/SiO_2$, $Ru/Zeol$<br>$CuO_2\text{-}Mn_2O_3/Al_2O_3$<br>$Pt\text{-}Rh\text{-}Pd/Al_2O_3$<br>Pt/C, Pt-Ru/C |

## 1.6 固体触媒と分子触媒の違い

例えば,アンモニア合成は固体触媒上で比較的容易に進行するが,金属錯体では,$N_2$ 付加物の生成は可能だがアンモニア合成には至らない.一方,ワッカー反応やヒドロホルミル化反応などは液相均一系でそれぞれ開発され,類似の錯体を固定化した固体触媒系でも反応することが報告されているが,実用的な固体触媒は未開発である.興味ある例として,オレフィン重合触媒は,当初固体触媒(クロム系)で開発された.その後アルミニウムとチタン系の金属錯体であるチーグラー-ナッタ触媒が開発され,均一系で高重合,立体規則重合に成功した.しかし現在では,プロピレン重合が固体の $Ti^{3+}/MgCl_2$ 系の不均一触媒で効率よく製造されている(2.5節参照).また酸触媒の例では,同じプロトンを活性種とするエステル加水分解反応でも,溶液中のプロトンと固体酸上のプロトンでは,その性質や反応機構は同じではない.このように固体触媒と分子触媒は本質的に異なる要素があるようである.

そこで分子触媒と固体触媒の異同を比較するために,一例としてエチレンの水素化に関して両者を比較する.まず図1.4の分子触媒である単核(例 Rh)の金属錯体では,前出の図1.2のとおり,水素分子は中心金属に解離して,ジヒドリド錯体として同じ中心金属上に配位(酸化付加)し,その解離はすべて孤立した同一の中心金属でまかなわなければならない.一方,金属(例 Ni)の固体表面(図1.5)では水素分子は隣接するサイト(−Ni−Ni−)で解離し,しかも,解離水素は容易に表面移動が可能で活性サイトに到達し,そこで反応が起こる.

第2の点は,金属錯体では,中心金属の電子状態は周囲の配位子(共有結合性の $PPh_3$,COやイオン性結合性の Cl など)で直接支配されているのに対して,固体表面では2次元,3次元的に隣接する多数の同種の金属原子が金属結合して

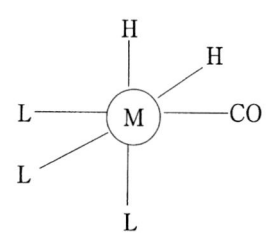

**図 1.4** 分子触媒(単核型金属錯体)のモデル構造

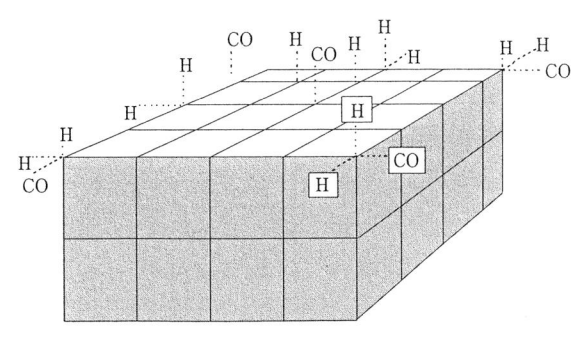

**図 1.5　固体触媒のモデル構造**
配位不飽和度の異なるサイトが共存する．

おり，活性点の電子状態に影響している．ちなみに中心金属の電子状態は，前者ではRh(I)やRh(III)，後者では中性のNi$^0$で必ずしも同様ではない．

第3に固体金属上の解離水素は，通常，容易に表面を移動できるが，金属錯体では，錯体同士の衝突でしか起こり得ない．第4に空配位数の重要性である．金属錯体へのエチレンの配位は，2個の水素が配位した残りの空配位結合に起こるので，錯体上には，少なくともあらかじめ3空配位なければ水素化反応は進行しない．固体表面でも，コーナーサイトでは3空配位構造はあり得るが，多種類の活性サイトが共存し，隣接サイトの利用や，水素の表面移動のため，表面のテラスサイトでも反応は進行できる．

以上の比較からわかるように，サイトの中心金属種が同じであったとしても，分子触媒と固体触媒では，その活性領域の局所的ナノ構造が異なり，反応機構は大きく異なっている．実際の工業触媒では，両者の特長を生かしてそれぞれ触媒設計がなされている．

# 2

## 触媒の歴史と役割

### 2.1 触媒の科学と技術はこうして始まった
―アンモニア合成触媒開発のドラマ―

　西欧の科学技術の勃興は，1781年ワット（Watt）による蒸気機関の発明に始まる．その結果，大量生産技術の獲得から工業化社会へと社会変革が起こり，人工増加と都市化が顕著となり，食料の不足が懸念された．植物の3大栄養素として窒素，リン，カリウムの必要性が1840年，リービッヒ（Liebig）によって明らかになるとともに，天然肥料の不足を解決するには合成肥料の必要性が叫ばれた．最初の合成肥料としては副生硫安が用いられた．しかし需要を満たすことは不可能で，西欧諸国はチリ硝石（グアノ：海鳥の糞の堆積物で，主成分は$NaNO_3$）の輸入へと向かった．

　一方，1866年ダイナマイトがノーベル（Nobel）によって発明され，鉱山開発，鉄道建設，軍需用火薬の需要が急増した．これらの主要原料であるニトログリセリンの合成に必要な硝酸の製造法は，白金触媒を用いるアンモニア酸化法が確立していた．したがってここでも，空中窒素固定化によるアンモニアの大量製造が焦眉の課題となった．正確には，空中窒素の固定化としては石灰窒素がすでに知られていたが，その製造には大量の電力を必要とし，とても需要に応えられる状況ではなかった．そこで特にドイツでは，第1次世界大戦（1914～1918年）を控えて，アンモニア合成法の開発が国家的レベルで推進された．

　アンモニアの化学組成は明らかにされており，$N_2 + 3H_2 \rightarrow 2NH_3$の反応が理論的にどの程度可能かという検討がなされた．当時，未熟であった化学平衡論では，加圧で低温ほど有利であることは予測できても，どのような反応条件で，どれほどの平衡濃度のアンモニアが生成可能かを知ることはできなかった．

ハーバー（Haber）は，この反応を鉄/アスベストを触媒として常圧で実験し，1,020 ℃における転化率（0.012％）を得た．さらにファントホッフ式を用いて各温度における平衡値を求めた結果，室温ではほぼ100％近い転化率であると推定したが，その根拠となる $NH_3$ の比熱の実験値が正しくはなかった．一方，ネルンスト（Nernst）は正確な実験値を求めて高圧下で実験し，1,000 ℃で平衡転化率 0.0032％，685 ℃で 0.0187％を得た．しかしこの値があまりにも小さかったことから，工業的合成は困難と判断した．そこでハーバーは，この平衡の制約を避けるため，生成アンモニアの分離と循環反応法を考案し，特許を出願した（1908年）．

　さらに工業的製造法の可能性にかけ，Os触媒を用いて 175 気圧，600〜900 ℃で公開実験を行い，$80\ g\cdot h^{-1}$ の合成に成功した．そこで BASF を中心に触媒の探索が行われ，ミタッシュ（Mittasch）は 1 年半の間に約 2,500 種の触媒をテストした結果，現在の二重促進鉄触媒（$K_2O\text{-}Fe_3O_4/Al_2O_3$）に到達したという．このミタッシュ触媒は反応中に生成する鉄が活性の主成分で，アルミナは鉄の高分散と焼結防止を目的とする担体，カリウムは鉄の活性を高める助触媒の役割である．工業化に際しての難題となった高圧下での水素ぜい性による反応塔の破裂は，ボッシュ（Bosch）らの努力により克服した．これは高圧化学の確立を示す工学的に重要な成果である．その結果，特許出願し，5 年後の 1913 年には，すでに日産 10 t の工業生産に成功した．90 年を経た現在でも，このハーバー-ボッシュ法がアンモニア合成法の主力であることは，進展の激しい工業技術としては驚異的ともいえる．

　このように，触媒の科学と技術の始まりは，アンモニア合成触媒からとしても異論はなかろう．しかもこれを契機として，化学平衡の概念の確立と反応速度論の成立を促したことは，十分に認識すべきであろう．アンモニア合成をめぐってのあくなき挑戦の経過を表 2.1 にまとめた．第 1 次世界大戦にからむ当時の緊迫した社会情勢のなかで，アンモニア合成法の開発が，国家の命運をかけて進行していったことが推測される．日本でも，いち早く独自のアンモニア合成法の開発を目的に東京工業試験所第 6 部が設立された．ちなみに，これが米国よりも速い対応であったことは注目される．いずれにしても，科学・技術の発達が歴史の流れのなかで成立することを示す一つの実例である．

　マルサス（Malthus）は，「人口増加は指数関数的であるが，食料増産は直線

**表 2.1** アンモニア合成法の開発における飽くなき挑戦の歴史

| 年 | 事　項 |
|---|---|
| 1774 | アンモニアの確認（Priestley）. |
| 1784 | $NH_3$ の組成決定（Berthollet）. |
| 1825 | $NH_3$ 合成実験の成功（Faraday）. |
| 1884 | 鉄での $NH_3$ 分解で平衡示唆（Ramsey）. |
| 1888 | 化学反応の動的平衡の概念（Le Chatelier）. |
| 1894 | 触媒の定義：化学平衡は触媒によっては不変（Ostwald）. 高圧下で $N_2+H_2$ にアークでトライするも爆発. |
| 1895 | 石灰窒素の合成成功. $CaC_2 + N_2 \rightarrow CaCN_2 + C$, $N_2$ 固定化成功の最初. |
| 1900 | 赤熱した鉄線上で常圧下, 6％を得たと報告. Bosch 追試するも失敗（窒化鉄の水素化）. |
| 1902 | $Ca(NO_3)_2$ の工業化. $N_2$ のアーク酸化による $NO_2$ を硝酸として固定（電力消費大）. |
| 1902 | アンモニア酸化による硝酸製造法の特許（Ostwald）. |
| 1904 | 平衡測定, 水の存在を必要と誤認（Perman）. |
| 1905 | 平衡計算の結果, 常圧で 1,293 K で 0.012％を得失望. 高圧でも 573 K はほしい. 鉄触媒では不可能とした（Haber）. |
| 1906 | ハーバーの平衡計算の誤りを指摘. 高圧合成（50～70 気圧, 1,200 K 以上, Pt 触媒）で実証（Nernst）. |
| 1907 | 高圧実験より平衡を求め, 確認（Haber）. |
| 1908 | 循環法を BASF に提案, 773 K を目標とする（Haber）. |
| 1909 | 177 気圧, Os 触媒で 823 K, 8％の $NH_3$ を得た. |
| 1909 | 公開実験, Bosch の部下 Mittasch が立ち会う. BASF との共同開発. |
| 1909 | スウェーデン産磁鉄鉱のみ高活性（Al, Cr, Ca, Mg）等含む. 二重促進鉄（$K-Fe_3O_4/Al_2O_3$）触媒の確立（Mittasch）. 反応塔の破裂を克服（Haber-Bosch 法の成立）. 実動1913. 戦後まで国外知らず. |
| 1918 | 臨時窒素研究所（東京工業試験所第6部）設立. アンモニア合成開発開始（日本）. |
| 1919 | ベルサイユ条約（ドイツ敗戦）. |
| 1920 | 米国窒素固定化研究所設立. |

的な増加であるため，いずれ近々に食料危機が起こる」と予言した．しかし，アンモニア合成法の成立によって肥料の大量生産・供給が可能となり，その結果，食料の確保が可能となり，20世紀における飢えからの恐怖は，一応回避された．またその後の華々しい化学工業の発展は明らかに社会に多くの貢献をなした．その意味ではアンモニア合成が20世紀最大の発明の一つという指摘もある．しか

し現在,再び予想を越えた世界的な人口爆発に遭遇し,同時に,森林伐採による砂漠化の進行,過剰施肥による地力の衰退や,産業構造の変化による農業従事者の減少,地球温暖化による気候の急変などから,第2の食料不足が懸念されており,マルサスの預言があらためてクローズアップされている.

## 2.2 触媒の科学と技術の発展

硫酸製造法とアンモニア酸化による硝酸製造法に続いて,アンモニア合成法が成立したことは,化学工業の基礎原料である酸と塩基の製造に関する触媒技術がそろったことを意味した.また,フリーデルクラフト反応,メタノール酸化,オレフィン水素化などの酸化・還元反応に関する触媒技術も手にした段階で20世紀を迎えた.

工業触媒の開発の歴史の概要を表2.2に示す.20世紀の初頭から急速に迎えた科学・技術の華やかな展開のなかで,化学反応速度理論や吸着理論も発展し,新たな時代の到来となった.このころ,すでにメタノール合成(Cr-Zn-O系触媒),オレフィン水和(酸触媒),アルキル化(固体酸触媒)のほか,クラッキング(酸性白土),改質($Pt/Al_2O_3$),脱硫などの石油関連触媒も急速に発展し,第2次大戦以後の航空機,自動車,船舶や火力発電用燃料の需要に応じ,重化学工業の拡大に寄与した.

20世紀後半には,ようやく金属錯体触媒の登場を迎え,オレフィン重合のチーグラー-ナッタ(Ziegler-Natta, $Al(Et)_3$-$TiCl_3$)触媒,エチレンの空気酸化によるアルデヒド合成のワッカー触媒(Wacker, $PdCl_2$-$CuCl_2$)が生まれた.また,オレフィンの部分酸化によるエチレンオキサイド合成触媒(Ag系)や,アンモ酸化によるアクリロニトリル合成(Fe-Sb-O系,Bi-Mo-O系)など,空気酸化で,直接,含酸素化合物や含窒素化合物を合成する方法が開発された.

ガソリン製造用のクラッキング触媒は,当初,酸性白土などの粘土鉱物が用いられた.その後,非晶質の合成シリカアルミナが開発され,典型的な固体酸触として多用された.注目すべきは,これら固体酸触媒の分野に新しく登場した結晶性アルミノシリケートの合成ゼオライトである.はじめに,A型フォージャサイト(細孔径0.3~0.4 nm)が分子ふるい効果を持つことから,吸着剤として開発された.続いて細孔径さらに大きいX型,Y型フォージャサイト系ゼオライトが開発され,その$Na^+$を$Ca^{2+}$や,$La^{3+}$などの多価イオンにイオン交換すると

表 2.2 工業触媒開発の歴史

| 年 | 事項 | 備考 |
|---|---|---|
| 1831 | Pt による $SO_2$ の酸化 | 硫酸製造開始 |
| 1838 | アンモニア酸化による硝酸製造 | Pt触媒 |
| 1877 | Friedel-Crafts 反応 | $AlCl_3$ |
| 1879 | $SO_2$ 酸化による硫酸製造触媒 | $V_2O_5$ |
| 1897 | Ni による水素化 | Sabatie（ノーベル賞，1912） |
| 1898 | 無細胞発酵に成功 | |
| 1907 | アンモニア合成法の確立/K-Fe/Al203系触媒 Haber-Bosch-Mittasch | Bosch（ノーベル賞，1918）Mittasch（1931），Haber |
| 1913 | 石炭液化による合成石油（Fe 系触媒） | Belgius（ノーベル賞，1931） |
| 1923 | Fischer-Tropsch 反応 | $Fe(CO)_x$, $Co(CO)_x$ |
| 1924 | メタノール合成（第1世代） | $ZnO$-$CrO_x$/BASF |
| 1936 | 石油クラッキング触媒（第1世代） | 酸性白土（蒲原粘土） |
| 1937 | エチレン重合触媒（第1世代/高圧法） | $CrO_x$/$SiO_2$ |
| 1938 | ヒドロホルミル化反応 | $HCo(CO)_4$ |
| 1949 | 触媒によるナフサの改質 | Pt/$Al_2O_3$系 |
| 1953 | Al(Et)3-$TiCl_x$錯体による低圧法オレフィン重合触媒（第2世代） | Tiegler, Natta（ノーベル賞，1963）$TiCl_4$：ポリエチ，$TiCl_3$：ポリプロ |
| 1959 | $PdCl_2$-$CuCl_2$によるWacker法 | $C_2H_4$ + $H_2O$ → $CH_3CHO$ |
| 1959 | アンモ酸化 $C_3H_6$ + $NH_3$ + $O_2$ → $C_2H_3CN$ | Bi-Mo-O/Sb-U-O |
| 1962 | Zeolitesによる/石油クラッキング登場 | CaX, La/X |
| 1969 | アポロ燃料電池搭載 | 水素-酸素/Pt |
| 1970 | 水素化脱硫 | Co, Mo/$Al_2O_3$ |
| 1978 | 自動車排ガス（CO, $NO_x$, HC）浄化/3元触媒 | Pt-Pd-Rh/$CeO_x$-$La_2O_3$-$Al_2O_3$ |
| 1970 | $NO_x$ 還元触媒 | $V_2O_5$-$TiO_2$ |
| 1980 | Rh錯体による水素化，カルボニル化 | Wilkinson錯体，$RhCl(PPh_3)_3$ $RhCO(PPh_3)_x$ |
| 1980 | トンネル構造型 ZSM-5 の開発 | MTG（MeOH → ガソリン製造） |
| 1980 | メタロセン触媒による立体規則重合 | Kaminsky：$CpcZrCl_2$-$AlMeO_x$ |
| 1900年代後半 | Ru系触媒によるアンモニア合成 メソポア型ゼオライト MCM-41 の開発 水の光分解，滅菌，防汚染 不斉合成触媒の開発 生活環境触媒 酸素貯蔵型自動車触媒担体 | K-Ru/C（尾崎-秋鹿）新規トンネル構造型触媒，触媒担体，$TiO_2$ 触媒による（本多-藤島）不斉認識触媒，野依（ノーベル賞，2001）$TiO_2$ による光触媒 Pt-Pd-Rh/$CeO_2$-$Al_2O_3$ |

強い酸性が発現することが発見され，クラッキング反応によるガソリン製造や形状選択的アルキル化に利用された．

さらに，続々と新しい構造のゼオライトや類縁の結晶性多孔体が開発された．すなわち，第3世代のゼオライトとしてトンネル構造のZMS-5，第4世代の大口径のAlPOや，架橋粘土鉱物も登場した．メソポアを持つトンネル構造型の多孔体としてはMCM-41が開発され，ゼオライトは新展開を迎えている．これらはそれぞれの特長ある細孔構造と物性を生かし，かつ，各種の金属イオンや金属クラスター，金属錯体を担持することで，新しい触媒材料として優れた触媒機能を発揮することが明らかとなった．

## 2.3 資源・エネルギー・環境と触媒

化学資源としては，最初に用いられたのは，天然の植物（繊維，でんぷん），鉱物（鉄鉱石，非鉄金属鉱石，粘土），動物（皮革，繊維）の時代から始まって，大量生産時代には化石資源の時代となった．石炭の時代には，乾留によるコークスから誘導した一酸化炭素やアセチレンが基礎原料であった．その後，石油の時代の開幕とともに，ナフサ経由のエチレン（図2.1），プロピレンや芳香族炭化

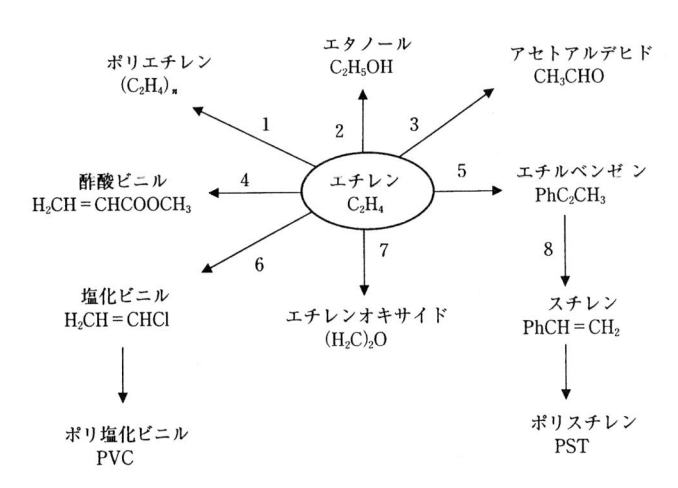

1：$Al(Et)_3$-$TiCl_3$（Ziegler-Natta触媒），$TiCl_3/MgCl_2$，$Cp_2ZrCl_2$-AMO，
2：$P_2O_5/SiO_2$，3：$PdCl_2$-$CuCl_2$（Wacker触媒），4：Pd-Ag/$Al_2O_3$，
5：$SnO_2$，6：$PdCl_2$，7：Ag/$Al_2O_3$，8：$KCl/Fe_2O_3$．

**図2.1** エチレンから触媒技術により誘導する化学製品

水素が主要な化学工業用の基礎原料となった.

しかし,化学原料やエネルギー資源として重要な化石資源の石油(図2.2)天然ガス(図2.3)の生産地には極端な偏りがあり,その埋蔵量には厳しい限界があることは明らかである.単純計算では,石油の可採埋蔵量[*1)]は約40年,天然ガスでも70年足らずであり,今世紀中にはその枯渇が懸念されていることがわかる.したがって,少なくとも21世紀後半には化学原料としての炭素源やエネルギー源を石油資源中心に依存とすることは難しいと思われる.なお,メタンに関しては,最近,深海底における大量のメタンハイドレートの存在が注目されて

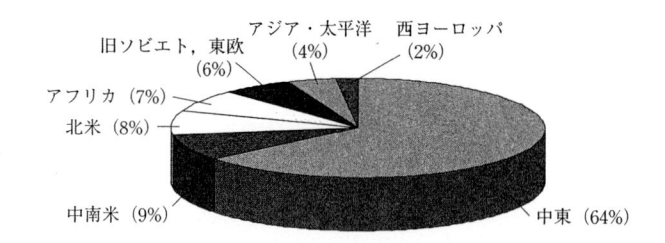

推定埋蔵量:1兆5,300万バレル,可採年数:41年(BP Amoco Review より)
**図2.2** 世界の石油生産地域(1998)

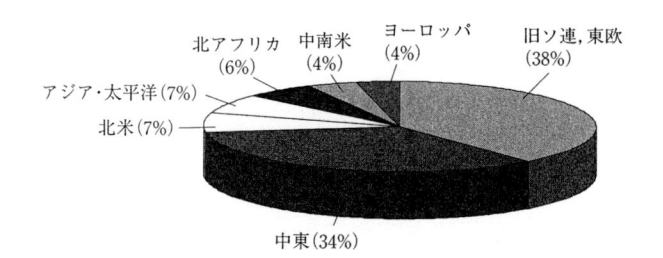

推定埋蔵量:146兆m$^3$,可採年数:63.4年(BP Amoco Review より)
**図2.3** 世界の天然ガス生産地域(1998)

---

[*1)] 世界の可採埋蔵量を現在の生産量で割ったものを可採年数という.正確な値は,出典により異なる.また,メタンハイドレートが,新たに注目されている.この可採埋蔵量が不明であるが,これを加味すれば,100年以上使用可能という説もある.石油に関しても,40年前後の諸説がある.しかし,図2.2に示すように今後41年で石油資源がなくなることを必ずしも意味しない.新たな油田の発見,採掘技術の発達,オイルサンドやオイルシェールの利用,天然ガス等代替資源へのシフトに経済的価値の変化等が利用年限に関係してくる.

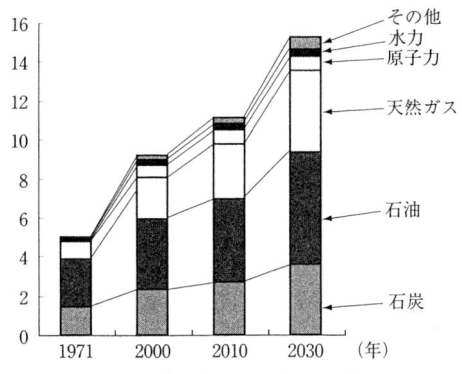

**図2.4** 世界の一次エネルギー（石油換算：10億 t）

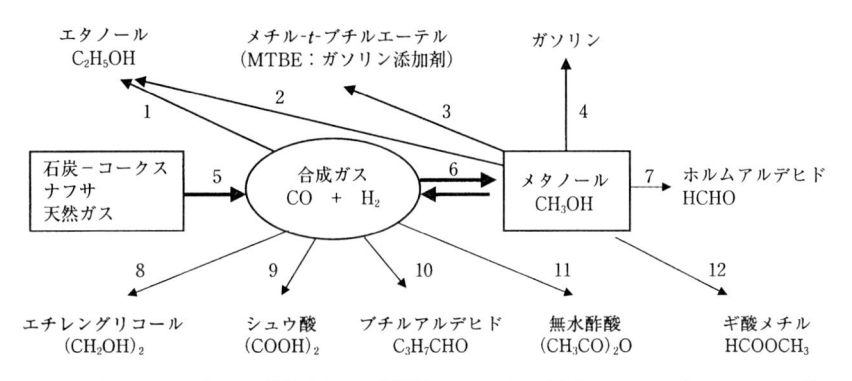

**図2.5** COを原料として誘導できる製品と触媒

1：Rh系，2：Co系，3：酸性イオン交換樹脂，4：ゼオライト系，5：Ru系，6：Cu-Zu系，7：Cu-Zn系，8：Rh, Ru錯体系，9：Pd系，10：Co系，11：Rh錯体系，12：Ni系．

おり，炭素資源の選択肢を増やす目的でも，その利用技術の開発と活用が期待されている．ちなみに，予測される世界の一次エネルギー源（図2.4）としては，水力や原子力の大幅な拡大は不可能と見られ，当面はメタンを含む化石燃料に大幅に依存することが予想される．

石油以後，新しく登場したメタンを化学資源として利用する触媒技術としては，すでにメタンの酸化カップリングによる直接的な炭化水素の合成プロセスも開発されている．また，メタンの水蒸気改質や，二酸化炭素改質によって一酸化炭素と水素（合成ガス）へと変換すれば，既存の触媒技術を用いて，COから有用な各種工業化学製品へと容易に変換できる（図2.5）．そこで，一酸化炭素やメタン，メタノール等のC-1化学が新たに石油代替資源につながるものとして注目

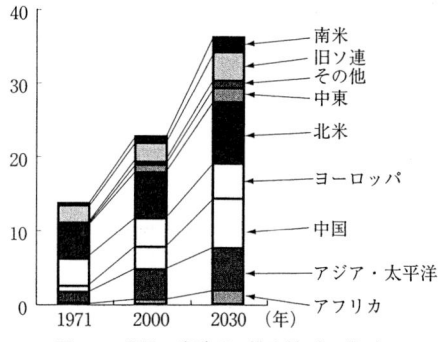

**図 2.6** 世界の炭酸ガス排出量（10 億 t）

されている．また，水素は，直接クリーンエネルギー源あるいは燃料電池用の原料として利用することも考えられている．しかし，水素そのものは確かにクリーンエネルギーといわれるものの，かつては，水の電気分解により製造され，現在ではメタンやナフサの分解による製造が主流となっている．この意味では，化石資源を使用し，二酸化炭素の排出を避けられないという難点がある（図 2.6）．

また地球環境への負荷，二酸化炭素排出抑制がグローバルな視点から論じられてきた．この二酸化炭素の固定化や石油への変換には多くの水素を必要としている．したがって，この水素源を，二酸化炭素の生成を伴わず，しかも低い価格で大量に確保するにはどうすべきかが，新しい課題となっている．

このほか，フロンやダイオキシンなどのガスの触媒技術による除去，生活環境における防臭，空気浄化，光触媒による滅菌・殺菌や防汚など，触媒による処理が行われている．

## 2.4 活躍する触媒

触媒がきわめて幅広い分野の化学反応に関係していることを述べたが，その内容をもう少し具体的に示そう．そして今日，明日の社会を支える工業化学製品の製造だけでなく，化学資源の変換，エネルギー問題，地球環境からバイオ技術に至るまで，その鍵を握っている基盤技術であることを強調したい．わかりやすくするために用途を一般化学工業，資源，エネルギー，環境とバイオに大別して，活躍する触媒技術を表 2.3 に示す．もちろん複数の分野に同時に関連しているものも多い．具体的な内容例は，バイオ関連を除いて各章に記述されている．

## 表2.3 活躍する触媒技術

| 分野 | 対象・反応 | 触媒例 | 製品群 |
|---|---|---|---|
| 資源関連 | $N_2$固定化 | $Fe-K_2O/Al_2O_3$, $Ru-K/C$ | アンモニア合成 |
| | CO変換 | $CuO-Cr_2O_3$, $CuO-ZnO-Al_2O_3$ | メタノール合成 |
| | パラフィン変換 | MgO<br>$P_2O_5/V_2O_5$ | $C_1 \to C_2H_4$(酸化カップリング)<br>$C_4 \to$ 無水マレイン酸 |
| | オレフィン重合 | $CrO_x/SiO_2$, $Cp_2ZrCl_2$-MAO<br>$TiCl_4$-$AlEt_3$<br>$TiCl_3$-$AlEt_3$, $TiCl_3/MgO$ | ポリエチレン, ポリスチレン<br>ポリエチレン<br>ポリプロピレン |
| | オレフィン変換<br>(部分酸化)<br><br>(アリル酸化)<br>(アンモ酸化) | 鉱酸, 酸性樹脂, ヘテロポリ酸<br>ヘテロポリ酸<br>$Ag/Al_2O_3$<br>Mo-Bi-O系<br>Mo-Bi-O系, Sb-Fe-O系 | $C_2 \sim C_4$アルコール類<br>酢酸<br>酸化エチレン<br>アクロレイン, アクリル酸<br>アクリロニトリル, メタクロニトリル |
| | 芳香族変換 | $V_2O_5$-$MoO_x$<br>$K_2O$-$V_2O_5$<br>Co-Mn-O系<br>$K_2O$-$CrO_x$-$Fe_2O_3$ | ベンゼン → 無水マレイン酸<br>ナフタレン → 無水フタル酸<br>テレフタル酸<br>エチルベンゼン → スチレン |
| | ナフサ分解 | Pt/ゼオライト | 高オクタン価ガソリン |
| | 接触改質 | $Pt/Al_2O_3$  $Ru/Al_2O_3$ | 異性化, 分解, 水素化, 脱水素化 |
| エネルギー | ナフサ水蒸気改質 | Pt, $Ru/Al_2O_3$ | $H_2$, CO, オレフィン |
| | 石炭変換/石油化 | Fe, $Co/Al_2O_3$ | 合成石油 |
| | 石油分解 | 固体酸, LaX, ZMS-5 | ガソリン・灯油製造 |
| | 燃料電池 | Pt/高分子膜 | 電極触媒 |
| 環境関連 | 石油脱硫/排煙脱硫 | $Co-Mo/Al_2O_3$ | RS → S または $CaSO_4$として |
| | 自動車排ガス処理<br>脱硝(固定源) | Pt, Pd, $Rh/Al_2O_3$<br>$V_2O_5$-$WO_3/TiO_2$ $Co/Al_2O_3$ | 3元触媒($NO_x$, CO, HC削減)<br>$NH_3$による還元 |
| | 滅菌, 水浄化, 防汚 | $TiO_2$, Ag/Zeol | $TiO_2$光触媒/蛍光灯の紫外線で可 |
| | 脱臭 | $TiO_2$, Mn-Ni-Cu-O | |
| バイオ関連 | 光合成 | 葉緑素 | でんぷん, 酸素 |
| | でんぷん加水分解 | アミラーゼ | デキストリン, 糖類 |
| | でんぷん発酵 | (酵母, 麦芽) | 日本酒, ビール, ウィスキー |
| | 糖類アルコール発酵 | (ワイン酵母, 酵母) | ワイン, 果実酒 |
| | 酢酸発酵, 乳酸発酵 | (酢酸菌, 乳酸菌, 酵母) | 食酢, ヨーグルト, 漬け物 |
| | タンパク分解 | (麹カビ, 納豆菌) | 味噌, 醤油, 納豆, 漬け物, 干物 |

表 2.4 医薬品工業への酵素（生体触媒）の貢献

| 年代 | 事項 | 発明・発見・開発者 | 備考 |
|---|---|---|---|
| 1894 | タカジャスターゼ（消化薬）特許 | 高峰譲吉 | 酵素 1 g で 150 g のでんぷんを1時間で分解 |
| 1907<br>1912 | 麹菌の拮抗作用発見 | 藪田貞次郎 | 麹菌の有効成分麹酸の構造決定 |
| 1914 | グリセリンの酵母による発酵法大量合成 | 糖-$NaHNO_3$/アルカリ法 | 月産 1,000 t /独，アセトン副産物/米 |
| 1929 | 青かびからペニシリン発見 | Fleming/英 | ブドウ状球菌の溶解作用/不安定//抗生物質の時代始まる |
| 1943 | 発酵法によるペニシリン製造 | 日本企業 | 発酵法によるペニシリン製造 |
| 1943 | 放線菌からスプレプトマイシン発見，$C_{21}H_{39}N_7O_{12}$ | Wacksman | グラム陰性菌，陽性菌，抗酸性菌に有効，ウィルスには無効 |
| | 生体制御発酵法/アミノ酸合成 | 日本企業 | 現在天然タンパクのすべてが発酵法で生産 |
| 1957 | 石油タンパクの合成 | | Candida 属菌など/家畜飼料へ |
| 1960 | イノシン酸/代謝制御発酵法工業生産 | 國中 明 | ヌクレチド（核酸関連）/突然変異/酵素の対外排出化 |
| 1980 | 発酵技術の第4期 | | 制ガン剤，ホルモン，血栓溶解剤，肝炎治療薬，ヘルペス治療薬，各種診断薬，各種バイオセンサへの応用 |
| 2000 | 発酵技術の第5期 | | ガン，エイズ治療薬，流感予防薬，遺伝子工学関連への応用 |

　バイオ系触媒の代表の一つである光合成触媒は，緑藻類以上の植物の持つ葉緑素である．これは Mg を含む金属錯体の一種で，紫外線をエネルギー源として，二酸化炭素と水から炭化水素（グルコース）と酸素を合成してくれる．動物にはこの能力はないため，植物または他の動物から栄養（有用物質と化学エネルギー）を摂取しなければならない．

　呼吸も消化も，遺伝子の形成にもすべて，それぞれの分野で生体内反応を司る特定の高性能酵素が働いている．すなわち，生物組織の形成やその活動のエネルギーは，この多種多様な酵素が，生体内で的確に働いていることに依存していることを理解すべきである．表2.4には酵素名を逐一あげてはいないが，酵母やバクテリア類が独自の酵素を持っていることを経験的に利用してきた発酵技術を示す．工業的にも発酵食品のほか医薬の合成も行われており，その貢献は大きい．

　このように見ると，一見華やかに見える高度科学技術化，情報化社会は，大量のエネルギーと資源の確保が前提となっているが，その基盤は，ものづくりの化

学技術の重責が支障なく果たされることを期待してのことである．これまでは，時代の要求に合せた新しい触媒が次々と開発され，資源・エネルギー・環境およびバイオの重責を担ってきた．そして今後とも，さらに高度かつ急速な発展を期待されるのが"触媒"である．

## 2.5 触媒技術の変化と発展

触媒技術は常に新しい要求に応えて改良され，また新規な触媒の開発が行われている．同じ化合物の合成に関して，工業触媒やプロセスの変化があった，いくつかの例を示す（表2.5参照）．

### 2.5.1 アクリロニトリル合成触媒の例

従来のアクリロニトリル合成法はアセチレンの時代から始まり，毒性の強い青酸（HCN）を用いる方法で，改良が望まれていた．オレフィンをアンモニアと空気を用いてアンモ酸化する触媒として，MoとBiの酸化物を用いるソハイオ法が登場した．このMo, Biの複合酸化物は，オレフィンの部分酸化触媒としても用いられる．

### 2.5.2 酢酸合成触媒の例

酢酸合成の始まりは酢酸発酵による食酢というべきだが，高濃度の酢酸は醸造できない．第1世代はアセチレンの水和によるアセトアルデヒド経由であるが，触媒の水銀塩が公害の誘因の疑いから廃止された．第2世代のワッカー法は，エチレンの空気による直接酸化で優れた方法である．ロジウムオキソ法として登場したのは，Rh錯体を触媒とする均一系反応である．その特色は，トリフェニルホスフィンを配位子とするRh錯体（ウィルキンソン錯体）が低圧で，高活性，低コスト化であり，低環境負荷につながる．

### 2.5.3 メタクリル酸メチル（MMA）合成触媒の例

MMAの合成は，従来，アセトンを青酸と反応させてアセトンシアンヒドリンを経てメタクリル酸とし，これをメタノールで一度エステル化とする多段反応法であった．すなわち，有毒物と大量の硫酸を取り扱ううえに，多段プロセスで低効率であった．現在はMo系触媒を用いることで，原料コストの安価なイソブタ

表 2.5 触媒プロセスの改良・発展の例

| プロセス | 触媒例 | 反　応 | 備　考 |
|---|---|---|---|
| ●アクリロニトリル合成 | | | |
| 青酸法 | $CuCl_2$ 系 | $CH \equiv CH + HCN \rightarrow$ $CH = CH - CN$ | HCN 使用が難 |
| アンモ酸化法 | Mo-Bi-O 系 | $CH_2 = CHCH_3 + NH_3 +$ $Air \rightarrow CH_2 = CHCN$ | ソハイオ法．直接一段合成 |
| ●酢酸合成 | | | |
| 第1世代 アセチレン水和 | $HgSO_4$ | $CH \equiv CH + H_2O \rightarrow$ $CH_3CHO \rightarrow CH_3COOH$ | アセトアルデヒド経由．有機水銀化で公害の疑い |
| 第2世代 ワッカー法 | $PdCl_2$-$CuCl_2$ | $CH_3 = CH_3 + (1/2)O_2$ $\rightarrow CHCHO \rightarrow$ $CH_3COOH$ | 空気酸化で合成 |
| 第3世代 Rh-オキソ法 | $RhCl(CO)(PPh_3)_2$ | $CH_3OH + CO \rightarrow$ $CH_3COH \rightarrow CH_3COOH$ | モンサント法．低圧，高効率，低コスト化 |
| ●アクリル酸メチル合成 | | | |
| 従来法（シアンヒドリン法） | $H_2SO_4$ | $CH_3COCH_3 + HCN \rightarrow$ $(Me)_2COH-CN$ $\rightarrow (+CH_3OH) \rightarrow$ $CH_2 = C(CH_3)CONH_2$ $\rightarrow (+CH_3OH) \rightarrow MA$ | MA：$CH_2 = C(CH_3)COOCH_3$ |
| イソブタン空気酸化法 | Mo 系触媒 | $CH_3 = CCH_2CH_3 + O_2 \rightarrow$ $CH_2 = CCH_2CHO \rightarrow$ $CH_2 = CCH_2COOH \rightarrow MA$ | 工程数大幅減．メタクリル酸を経由で低価格合成 |
| ●オレフィン重合 | | | |
| 高圧法 | 酸素ラジカル | エチレン重合 | >1000気圧 |
| 中圧法 | $CrO_x/SiO_2$ | エチレン重合 | <100気圧以下で重合 |
| 第2世代 低圧法 | $TiCl_4$-$AlEt_3$ | 配位アニオン重合 高密度ポリエチレン | Ziegler の発明(1953)．均一系 |
| 第2世代 低圧法 | $TiCl_3 + AlEt_3$ | プロピレン重合 イソタクチック ポリマー | Natta(1955)．$TiCl_3$ は固体結晶 |
| 第3世代 低圧法 | $TiCl_4/MgCl_2$ $/AlEt_3$ | オレフィン重合 不均一系 | 高活性，低コスト．触媒除去不要 |
| メタロセン触媒（第4世代） | $Co_3ZrCl_2$ $+(AlMeO)_x$ | エチレン重合 シンジオタクチックポリマー | Kaminsky の発明，Single Site 触媒 各種オレフィン重合へ展開 |

表 2.5　（つづき）

| ●アンモニア合成 | | | |
|---|---|---|---|
| Habar-Bosch 法 | K-Fe/Al$_2$O$_3$ | N$_2$+3H$_2$ → 2NH$_3$ | 工業化（1908） |
| 新合成法 | K-Ru/C | N$_2$+3H$_2$ → 2NH$_3$ | 尾崎−秋鹿, Kerogg 社がプラント設立 |
| ●エタノール合成 | | | |
| 発酵法 | （酵母ほか） | (C$_6$H$_{12}$O$_6$)$_n$ → C$_2$H$_5$OH | 古典的, 醸造法として重要 |
| エチレン水和 | 酸, 固体酸 | C$_2$H$_4$+H$_2$O → C$_2$H$_5$OH | 合成アルコール |

ンの空気酸化でメタクリル酸を直接合成し, このエステル化でメタクリル酸メチルへ誘導している.

### 2.5.4　オレフィン重合触媒の例

**第1世代**　高圧法：1,000気圧以上で, 酸素ラジカルによるエチレン重合. 中圧法：CrO$_x$/SiO$_2$を触媒として, 不均一系で, エチレンを100気圧以下で, 重合させる. 現在では以下の触媒に代わった.

**第2世代**　低圧法：1953年マックス・プランク（Max Planc）研究所のチーグラーの発明による配位アニオン重合触媒. TiCl$_4$-AlEt$_3$の複合錯体と溶媒を用いる均一系触媒で, 数十気圧下, 高密度ポリエチレンの製造が可能となった（1955年, ヘキスト社）.

プロピレン重合：続いて1954年, ナッタがTiCl$_3$（固体結晶）とAlEt$_3$を組み合せることで, プロピレンの立体規制重合に成功した. 選択的にアイソタクチックポリマーが得られる（企業化はモンテカチーニ社, 1957年）.

**第3世代**　TiCl$_4$-AlEt$_3$/MgCl$_2$系触媒で不均一系. 無溶媒で高活性, 高寿命なため, 触媒は生成物から除去する必要もなくなり, 分子量分布幅の狭い, 立体規則性の高いオレフィン重合が可能となった（1968年, 三井化学ほか）.

**第4世代**　均一系, サンドイッチ化合物のメタロセンの一種, Co$_3$ZrCl$_2$がアルモキサン（AlMeO）$_x$を助触媒として, エチレン重合に高活性を示すことがカミンスキー（Kaminsky）により発見された. その後, 配位子の工夫などでポリプロピレン, ポリスチレンなどの各種のオレフィンの重合触媒も開発されてきている. 特長としては, 活性種が単一であるため, 分子量分布幅が狭く, 側鎖が交互に規則的に向くシンジオタクチックポリマーが得られる.

### 2.5.5 アンモニア合成触媒の例

従来法は前述の通りハーバー-ボッシュ法のミタッシュ触媒（K-Fe/Al$_2$O$_3$）であるが，80年を経て新アンモニア合成触媒（K/Ru/C）の尾崎・秋鹿触媒が開発され，Kerogg社がプラントを設立し，生産に入った．

## 2.6 日本における工業触媒

触媒はその反応にもよるが，高機能のものではその価格の$10^4$～$10^5$倍の価格の製品を生産することができる．その意味ではきわめて付加価値の生産率の高いものである．また，寿命は短いものでは数カ月というものもあるが，数年，なかには再生を繰り返すが10年以上のものもある．触媒そのものの価格は，安価な金属酸化物から，高価な貴金属担持触媒まである．

図2.7は日本における分野別の触媒生産高（2001年）を示す．重量ベースで比較すると，触媒そのものの生産量は脱硫，改質などを含む石油精製用触媒が最

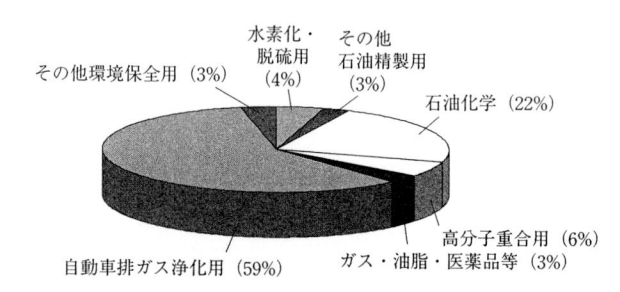

総額：2,486億円，自動車触媒：59%，石油化学：22%（工業化学統計月報より）

**図2.7 国内触媒生産額（2001）**

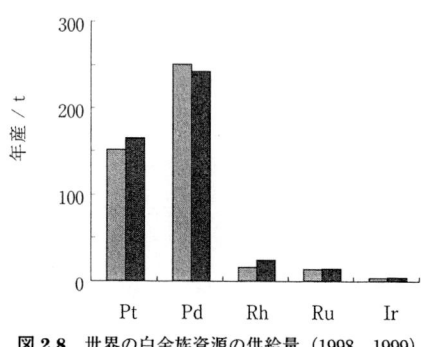

**図2.8 世界の白金族資源の供給量（1998, 1999）**

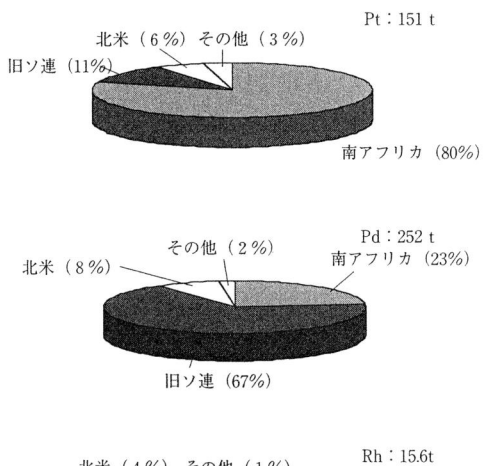

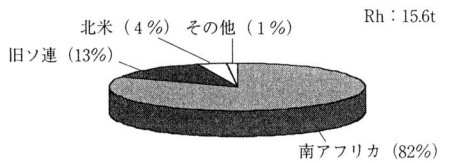

図 2.9 白金族生産地の偏在性(1999)

も多く,続いて,石油化学用触媒と重油脱硫用触媒,さらに高分子重合触媒,自動車触媒と続く.金額ベースでは,貴金属の割合が大きい石油精製用触媒が出荷総額の約 1/2 を占めるが,続く自動車排気ガス浄化触媒が約 1/3 と急増中である.また水素,メタン,メタノールなどをクリーンエネルギー源とした燃料電池を用いた自動車や,固定電源装置にも触媒が必要とされている.この主力装置にも大量の白金族属媒の利用が見込まれており,その資源の極端な稀少性(図 2.8)と偏在性(図 2.9)が,その実用化・普及への大きなネックとなっている.

# 3

## 固体触媒の表面

### 3.1 固 体 触 媒

　固体触媒として広く用いられる物質には，金属，金属酸化物，金属塩化物や金属硫化物などがある．実際に触媒として働く部分は表面であるので，比表面積（質量当たりの表面積，specific surface area）の大きな微粒子として用いる．

　例えば白金黒，パラジウム黒，ルテニウム黒はそれぞれの微細な金属粉そのものを触媒としたものである．またラネー合金触媒では，触媒活性を持つ金属を一度，AlやSiなど，アルカリに可溶な金属との合金とし，これを溶解して残る金属骨格からなる多孔質の微粒子を触媒とするもので，ラネーニッケル，ラネー銅，ラネーコバルトなどが知られている．ラネー金属は，そのままでは空気中にさらすと発火するほどであり，そのために不活性化処理して保存する必要がある．

　また多くの金属触媒の場合，比表面積の大きい担体上に微粒子を分散させて使用する．これを担持金属触媒と呼ぶ．担体にはアルミナ，シリカ，チタニア，マグネシアなどの金属酸化物や活性炭，粘土鉱物，ゼオライトなどが用いられる．担体酸化物の比表面積は通常数 $m^2 \cdot g^{-1}$ 〜数千 $m^2 \cdot g^{-1}$，時には活性炭や新しいゼオライトでは $10^3 \, m^2 \cdot g^{-1}$ を超えるものがある．すなわち触媒数グラムの反応場の大きさは，小さな公園やグランドの面積に匹敵するといえる．

　担体の役割は第6章に述べるが，単に有効な金属を高分散させるだけではない．担体自身が反応に関与して金属触媒の活性・選択性を高めたり，金属微粒子を安定化させて粒子成長を抑えたり，担体の細孔による拡散制御や形状選択性制御などの役割もする．例えばゼオライトは，分子と同程度の大きさの細孔を有した3次元網目構造の結晶性の複合酸化物であり，$SiO_4$ 四面体と $AlO_4$ 四面体を基本構造単位とする．その構造および細孔径や窓径は，Si/Al比やイオン交換性の金属

イオンを，他の陽イオンに置換することで変化する．この細孔内に触媒活性成分の分子錯体，金属，金属酸化物などを固定化担持することで，さまざまな担体効果を発揮する．

金属酸化物触媒でも，結晶化や粒子成長によって活性が低下するのを防ぐために，他の金属酸化物と複合化させることもある．例えば炭化水素の部分酸化に活性な $V_2O_5$-$MoO_3$ では，モリブデンとの複合酸化物とすることで，$V_2O_5$ の機能を改善している．

## 3.2 担持金属触媒

### 3.2.1 金属微粒子の形態

一般に，触媒活性の高い金属は 8, 9, 10 族（Ⅷ族）金属の Fe, Co, Ni, Ru, Rh, Pd, Os, Ir, Pt や 11 族（ⅠB族）金属の Ag, Cu などである．Pt, Rh, Pd などは多くの反応に高活性を示す有用な触媒資源であるが，高価であるので高分散担持して用いることが重要である．

担持の状態を透過型電子顕微鏡写真で見てみよう．図 3.1(a) および (b) は，それぞれ $Rh/TiO_2$ 触媒および $Ni/SiO_2$ 触媒であるが，Rh は 5 nm 程度，Ni の粒子径は 10～20 nm 程度であり，酸化物担体の表面に金属微粒子が高分散していることがよくわかる．

さらに，金属の粒子サイズとその表面積の関係について考えよう．簡単のために，担持された微粒子は一定の大きさの球形である仮定すると，その体積 $V$，比表面積 $S$ は次式で表わされる．ここで $d$ は直径，$\rho$ は質量と金属の格子定数からも求まる密度である．

$$S = \frac{表面積}{質量} = \frac{\pi d^2}{\rho \pi d^3 / 6} = \frac{6}{\rho d} \tag{3.1}$$

元素の種類によって $\rho$ は大きく異なるので，同じ径の粒子でも表面積はかなり異なる．具体的に各 5 nm Pt と Cu の例を表 3.1 に示す．Cu の比表面積は 135

表 3.1 金属の粒子径と比表面積の関係

|  | Pt | Cu |
|---|---|---|
| $\rho$ (g·cm$^{-3}$) | 21.45 | 8.92 |
| $d$ (nm) | 5 | 5 |
| $S$ (m$^2$·g$^{-1}$) | 56 | 135 |

$m^2 \cdot g^{-1}$ であるが，$\rho$ が大きい Pt の場合は 56 $m^2 \cdot g^{-1}$ と約半分である．

実際の形状は球形ではなく，図3.1(a)に見るように，小さい平坦面が組み合わさった形となっている．一般に微粒子の結晶面は低指数面が露出しており，面心立方格子（fcc）の金属であれば，(111)，(100)および(110)面の露出割合が大きい．

担持金属触媒の場合，担体物質と金属微粒子の相互作用によっても金属微粒子の形態が変わる．図3.2に示すように，担体表面と金属微粒子の間に引力相互作用が十分に強ければ，微粒子はいかだ状（ラフト状）の形態となり，担体表面と金属微粒子間の相互作用が弱ければ，金属微粒子の形態は丸くなる．前者を

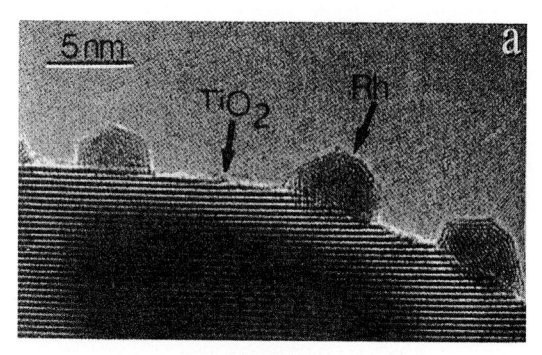

(a) Rh/TiO$_2$

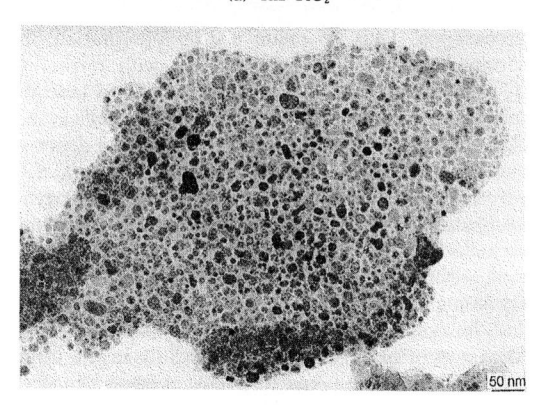

(b) Ni/SiO$_2$

**図3.1** 触媒の電子顕微鏡写真
(a) Rh 微粒子の表面がいくつかの平面から構成されている．
(b) Ni 微粒子が SiO$_2$ の上によく分散している．

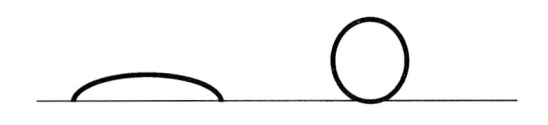

図 3.2 担体表面と金属の相互作用によって変化する微粒子の形態

wetting 状態，後者を non-wetting 状態と呼んでいる．両者の違いは，界面における担体表面の原子と，微粒子表面の原子との相互作用（化学結合など）の強さに依存する．

### 3.2.2 担持金属の分散度

微粒子を構成する全原子数（$N_T$）のうち，表面に露出している原子数（$N_S$）の割合を分散度（$D$）と式（3.2）のように定義し，微粒子の指標として用いる．

$$D = \frac{N_S}{N_T} \tag{3.2}$$

$D=1$ は原子状，あるいは単層で 2 次元に分散していることを意味する．直径 5 nm の球状 Cu 微粒子および Pt 微粒子の分散度は，それぞれ 0.21 および 0.22 と計算され，約 20% が表面に露出していることになる．実際に，担持金属触媒の金属粒子の表面積や分散度は，電子顕微鏡写真から上記のようにして計算するか，CO や $H_2$ などの吸着実験で測定される表面原子数 $N_S$ から求められる．

## 3.3 固体触媒の複雑性と表面科学

固体触媒反応では，固体表面を舞台として化学反応が進行する．固体触媒反応は複雑であるといわれるが，その複雑性の要因は，大きく次の二つに分けることができる．第一の複雑性は化学反応自身によるものであり，第二に反応場としての表面固有の複雑性である．化学反応自身とは，触媒反応がいくつもの反応素過程から構成されるという点である．複数の反応素過程が触媒表面で同時に進行しているため，いくつもの反応中間体が表面に存在している．したがって，触媒反応の機構を明らかにするためには，反応中間体として触媒表面に生成する吸着種を検出し，さらにその反応挙動を明らかにする必要がある．

第二の表面固有の複雑性とは，触媒表面の構造が均一ではなく，山あり谷あり

の表面構造であるという点である．表面欠陥や不純物も存在する．どこが触媒の活性点かを知る必要がある．しかし状況をより複雑にするのは，固体表面の構造が温度や反応ガス雰囲気によっても変化することである．

　これら二つの複雑性を解明することが，触媒作用の理解につながることになるが，そのために表面を直接分析したり，均一な表面構造を持つモデル触媒を用いる試みがなされている．これが表面科学的手法による触媒研究である（コラム参照）．近年急速に発展した表面分析法を駆使し，また均一な表面構造を持ち，かつ清浄な単結晶表面をモデル触媒とすることによって，触媒反応のメカニズムや活性点がまさに原子レベルで調べることが可能となった．複雑な触媒作用も徐々に解明されつつある．触媒表面を観測せずに触媒作用の解明はあり得ない．最近は特に走査トンネル顕微鏡という画期的な装置によって，原子レベルで表面が観測されている（コラム参照）．図3.3は走査トンネル顕微鏡によるニッケル単結晶表面の原子像であるが，原子一つひとつが明瞭に観察されている．

　表面科学的研究では，しばしば超高真空（Ultra High Vacuum：UHV）条件で実験を行う．超高真空とは圧力が $10^{-9} \sim 10^{-7}$ Pa（1気圧＝$1.013 \times 10^5$ Pa）の領域である．超高真空が必要な理由は二つある．一つは，表面分析の際に電子やイオンをビームとして表面に照射したり，表面から放出される電子を分析するためである．気体分子が多数存在すると，電子やイオンがそれらに衝突して検出困

**図 3.3** 走査トンネル顕微鏡によるニッケル単結晶表面の原子像

難となる．もう一つは，気体分子が多く存在すると，不要な分子の吸着によって十分な時間表面を清浄に維持できなくなる．数時間程度，表面を清浄に保つには$10^{-9}$ Paの真空度がほしい．真空度が一桁落ちると，分子の表面衝突や吸着速度が一桁増加し，清浄に保てる時間が一桁短くなる．

### 単結晶モデル触媒を用いた表面科学的実験

触媒の活性点や反応メカニズムを解明するために，表面構造がはっきりとわかっている単結晶試料の表面を，モデル触媒とする研究がなされている．試料は普通コインほどの大きさであり，市販の単結晶を所望の方位で切断する．その際，X線回折法により方位を正確に決め，高電圧をかけたワイヤとの間の放電によってゆっくりと切断し，スパッタリングで表面を清浄化する．すなわち，Arなどの希ガスのイオンビームを表面に照射し，主な不純物である酸素，炭素および硫黄を削り取る．続いて焼きなまし（アニーリング）によって表面をなめらかにし，同時にまだ内部に残っている不純物を表面に析出させる．このスパッタリングとアニーリングの操作を繰り返すことによって，清浄表面を得ることができる．

表面科学では，電子やイオンを用いる表面分析法（表6.2参照）を多用する．図3.4は触媒研究用超高真空装置の一例である．X線，電子線，またはイオンビームまたは光を励起源として表面にぶつけると，表面の情報を持った電子やイ

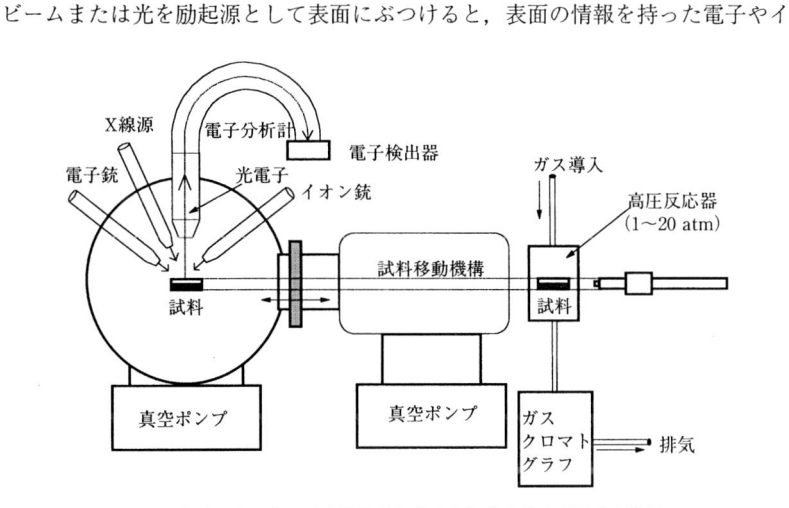

**図 3.4** 触媒反応用高圧反応器を取り付けた超高真空光電子分光装置

向かって左側の分析装置内で試料表面の状態を調べたのちに試料を右側の反応器へと移し，触媒活性をガスクロマトグラフなどを用いて評価する．表面構造の違いや添加物による触媒の活性変化を評価できる．

オン,蛍光 X 線などが放出される.それらのエネルギーや散乱状態を解析することによって表面分析がなされる.光電子の運動エネルギーは,例えば偏向電場を通過させることによって測定することができる.このような表面分析法によって固体表面の構造や電子状態がわかる.同時に,反応器内でモデル触媒の活性をガスクロマトグラフや質量分析計などで測定して,表面構造と触媒活性の関係を明らかにする.

#### 走査トンネル顕微鏡(STM)

　STM は,表面原子一つひとつを直接観察することができる画期的な表面分析装置である.原理を述べよう(図3.5).二つの導体が原子の大きさ程度に接近すると,固体内の電子は相互に行き来できるようになる.これをトンネル効果と呼ぶ.この二つの導体の間に電圧をかけるとトンネル電流が流れる.STM では,先端のとがった金属製の針(タングステンなど)を固体表面に接近させ,圧電素子を用いて針の位置を $x$ および $y$ 軸方向に動かすと,表面の凹凸に対してトンネル電流は変化する.この電流変化をマッピングすることによって,表面原子一つひとつの配列を知ることができる.圧電素子とは電圧をかけることによってわずかに伸び縮みする材料であり,これによって針を原子程度の大きさで動かすことが可能となる.さらに,トンネル効果ではなく,原子間力を利用した,絶縁体をも測定可能な原子間力顕微鏡(AFM)も普及している.

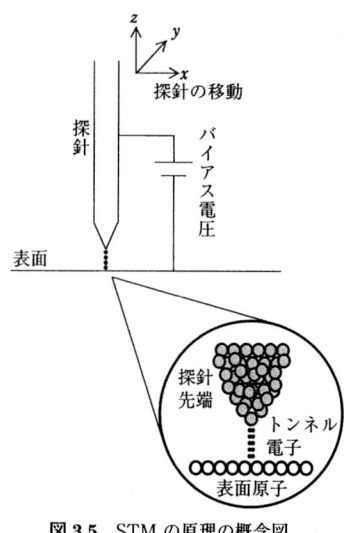

**図 3.5**　STM の原理の概念図

## 3.4 単結晶の表面構造

### 3.4.1 表面構造モデル

表面構造によって触媒活性が大きく変化することが多い．そのため表面構造を明確にしたうえで実験する必要がある．表面科学的手法では，表面構造が均一な単結晶表面をモデル触媒とする．単結晶とは，固体物質内の原子がすべて規則的に連なっている結晶であり，多結晶とはいくつかの小結晶が集まって物質を構成する結晶である．ここではまず単結晶の表面構造について基本的なことを述べる．

金属の単結晶の代表的なバルク構造（結晶格子構造）には，表3.2に示すように面心立方格子（fcc），体心立方格子（bcc），六方最密充填構造（hcp）がある．

一方，単結晶を特定の方位で切断して露出すると予想される面は，ミラー指数によって定義される．例えば，図3.6にfccの低指数面である（111），（100），（110）面の構造を示す．表面原子数の密度は大きいほうから，（111）＞（100）＞（110）の順である．表面の原子数は $1\sim2\times10^{15}$ 個・$cm^{-2}$ の範囲であることを覚えておくと便利である．逆数が1原子の占める面積で，平方根は原子間距離また

表 3.2 金属の結晶構造

| | | |
|---|---|---|
| 面心立方格子 | face-centered cubic（fcc） | Ni, Cu, Rh, Pd, Ag, Ir, Pt, Au など |
| 体心立方格子 | body-centered cubic（bcc） | Fe, Nb, Mo, Ta, W など |
| 六方最密充填 | hexagonal closest packing（hcp） | Co, Ru, Re, Os など |

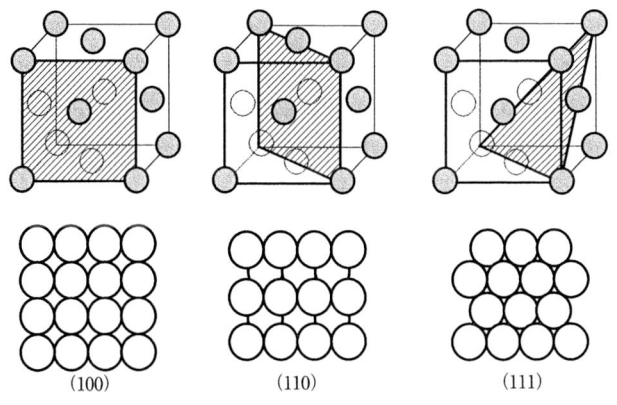

図 3.6 fcc 結晶の低指数面

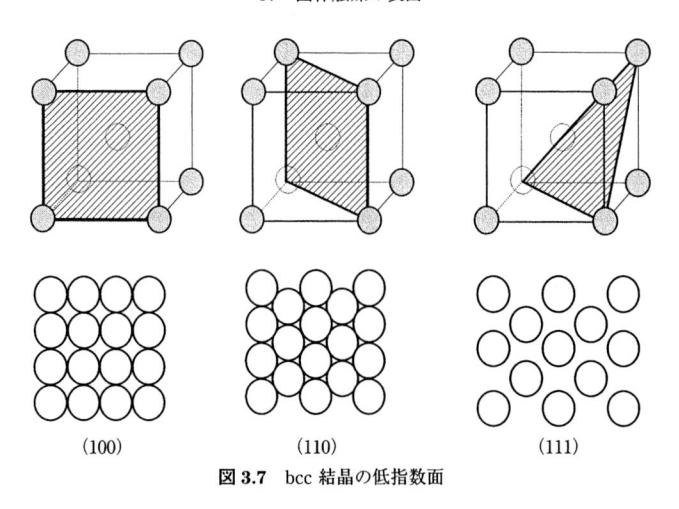

**図 3.7** bcc 結晶の低指数面

**図 3.8** 固体表面に存在する種々の欠陥構造

は原子直径程度となる（2～3.5Å）. 同様に，bcc 結晶の低指数面に対する表面構造を図 3.7 に示す. 原子数密度の大きさは，(110) > (100) > (111) の順である. hcp 結晶の場合では，ミラー指数は (0001) のように 4 個の指数で表わされる. 最初の三つは最密充填の面の，たがいに 120 度で交わる三つの軸に対応し，最後の指数はその面に垂直な軸に対応する.

　しかし，これらの金属単結晶の表面構造が，必ずしも単結晶内部構造のそのままの延長とは限らない. 次に述べるように表面緩和が起きたり，図 3.8 に示すように，ステップ（階段部）やキンク（二つのステップが交わるところ），さらにアドアトムや空格子点などの欠陥が表面には存在する. 平坦部はテラスと呼ぶ. ステップやキンクが触媒活性点となることもあり注意を要する.

### 3.4.2 表面構造の特徴

固体表面の構造は，固体内部の構造が連続したものではない．すなわち，固体を切断したそのままの表面構造が現われるのではなく，エネルギー的に安定な表面構造へと変化する．表面構造の変化を表 3.3 にまとめる．

表面特有の現象である表面再構成は，固体内部の格子構造から予想される表面構造が現われず，表面原子の配列が変化する現象である．Au(100)，Pt(100)，Ir(100) は，結晶内部の fcc 構造から表面構造は正方格子になると予想されるが，実際は (111) のような六方格子（$5 \times 20$ 構造，Ir は $5 \times 1$ 構造）に再構成する．転移温度以上に加熱すると再構成は解除され (100) 面に戻る．Au(110)，Pt(110)，Ir(110)，Pd(110) では $2 \times 1$ と呼ばれる構造に再構成する．この構造は原子列が一つおきに欠損した構造（missing row）になっている．また，W(001) および Mo(001) は c($2 \times 2$) 構造に再構成する．

次の表面緩和は，表面原子間距離の変化によるエネルギー緩和である（図3.9）．表面 1 層目と 2 層目の原子間の間隔は縮まり，2 層目と 3 層目が広がる傾向にあり，理想的な結晶の格子間隔と 10% 程度異なることが多い．原子密度が小さい面ほど $\Delta_{12}$ は大きくなる．$\Delta$ の値は内部に向かって正負の減衰振動を示す．ランプリングは表面外にあるはずの電子が，表面原子間のすきまに平滑に分布し

**表 3.3** 表面構造の変化

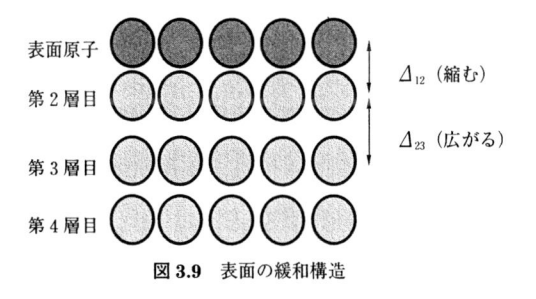

| 表面再構成 | 金属や金属酸化物表面，例）Au, Pt, Ir の (100) 面は hexagonal 構造に，(110) 面は欠損列構造に再構成する |
|---|---|
| 表面緩和 | 金属表面の原子間距離が 1～10% 程度変化する |
| ランプリング | 金属酸化物の場合，陰イオンが表面側に突き出し陽イオンが内側に引き込まれる |

**図 3.9** 表面の緩和構造

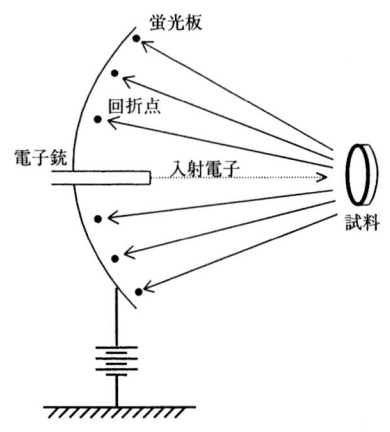

図 3.10　低速電子線回折（LEED）の概念図

ようとするため，これによって正電気を帯びる原子が固体内部側へ引き込まれる．

　表面原子の 2 次元規則的配列は，低速電子線回折法（Low Energy Electron Diffraction：LEED）によって調べられる．原理は電子線の回折現象を利用している．$10 \sim 200$ eV のエネルギーの電子線を固体表面に衝突させ，散乱して戻ってきた電子の回折像から表面の格子定数や周期構造がわかる（図 3.10）．蛍光面にはブラッグの条件に従った斑点（回折点）が現われる．この斑点は表面原子に対応するのではなく，周期性を表わす逆格子というものに対応する．周期性が高く，より規則的であるほどシャープな斑点を与える．表面再構成や緩和が起きたときの格子定数は，LEED によって精密に測定される[*1]．

## 3.5　表面の電子状態

### 3.5.1　バンド構造

　表面構造に次いで，基本的な表面の性質は電子状態である．まず，原子や分子

---

[*1]　LEED は単結晶の表面構造解析法として 1960 年代より広く用いられていたが，周期性の情報にとどまり，実構造を特定するのが困難であった．1980 年代半ばに開発された走査型トンネル顕微鏡（Scanning Tunneling Microscope：STM）とその後開発された原子間力顕微鏡によって，実構造の観察が可能となり，さらに LEED の併用によって表面構造の理解は一段と進むことになった．

同士の反応を考えてみよう．反応の際に価電子を授受することを想い出そう．価電子とは原子核から離れた最外殻の原子軌道に存在する電子であり，そのため価電子は授受しやすく，化学結合および化学反応に関与する．エネルギー準位で見れば高い位置（真空レベルから見れば浅い準位）にある．すなわちイオン化エネルギーの小さい電子である．それでは固体表面の原子と分子との反応はどうであろうか．価電子に相当するものは何であろうか．

図 3.11 に示すように，固体物質のエネルギー準位は帯状となっており，帯は原子数に相当する数のエネルギー準位から構成されている．これをバンド(band：帯)構造と呼ぶ．これはちょうど水素の 1s 原子軌道二つから，水素分子の分子軌道二つができることに対応する．一つは結合性軌道であり，もう一つは反結合性軌道である．電子二つは結合性軌道に入るので結合状態が安定である．多数の原子軌道から形成するバンド構造の場合も，半分から下は結合性の準位で，半分から上は反結合性の準位である．金属は結合性と反結合性のバンドが重なっているが，半導体や絶縁体では結合性の価電子帯と，反結合性の伝導帯が図 3.12 のように分かれている．その幅をバンドギャップ（band gap）と呼び，バンドギ

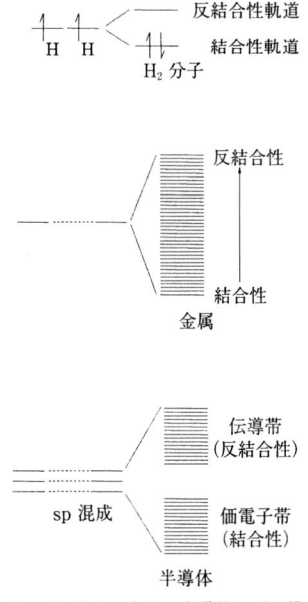

**図 3.11** $H_2$ 分子，金属，半導体の電子構造

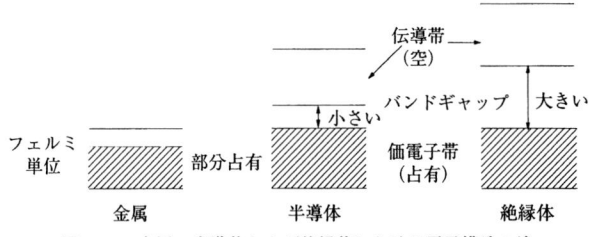

**図3.12** 金属,半導体および絶縁体における電子構造の違い

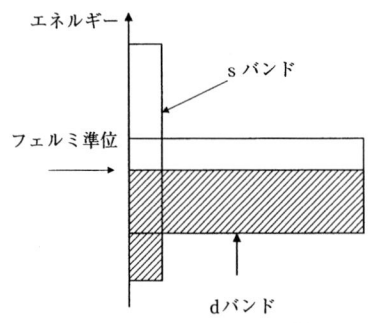

**図3.13** sバンドとdバンドからなる遷移金属のバンド構造

ャップが小さいものが半導体で,大きいものが絶縁体である.

バンドに電子が入っている様子を図3.13に示す.一番上のエネルギー準位をフェルミ (Fermi) 準位と呼ぶ.この電子が分子に電子を与えたり,このレベルに電子が流れ込んだりして反応が起こるのである.半導体と絶縁体では,結合性の価電子帯に電子が占有されており,伝導帯は空となっている.価電子は結合に関与するので原子のまわりに局在化している.荷電子帯の電子が例えば熱によって伝導帯に入ると伝導性になる.また,不純物を少量加えるとバンド構造が変わる[2].

### 3.5.2 遷移金属のバンド構造

触媒で,よく使用される遷移金属のバンド構造について述べよう.浅い準位のバンドは,図3.13に示すようにd軌道とs軌道からなり,s軌道のバンドは広

---

[2] 例えば,Siに13族のGa,Alなどをドーピングするとp型半導体,15族のN,P,Asなどをドーピングすると n型半導体になることはよく知られている.

## 3.5 表面の電子状態

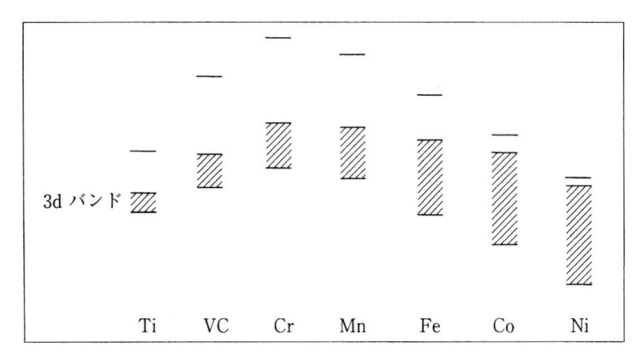

**図 3.14** 原子番号の増加に伴う 3d バンドにおける電子占有状態の変化

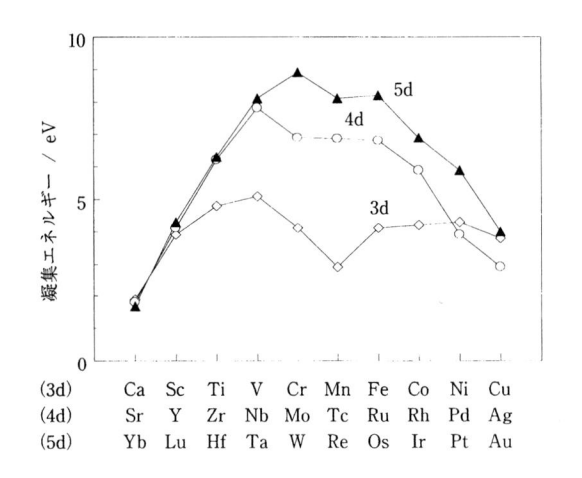

**図 3.15** d 軌道の電子占有度と凝集エネルギーの関係

がり d バンドの下に張り出してきている．第 4 周期の遷移金属のバンド構造は，原子番号が増大するのに対応して電子が詰まっていく（図 3.14）．バンドの半分までは結合性の準位であるので，ここに電子が入れば入るほど金属原子同士を結合させる力（凝集エネルギー）は増大する．さらに反結合性の準位に電子が入り出すと，凝集エネルギーは減少する．図 3.15 のように第 3, 4, 5 周期の遷移金属で，d 電子の数が増えると金属の凝集エネルギーが増大するが，バンドの半分以上を占有すると凝集エネルギーが低下することがわかる．フェルミ準位の電子は，すぐ上の空の準位の状態を容易に取り得る．別の状態を容易に取り得ることは，電子が自由に移動できることを意味する．これが自由電子であり，伝導性をもたらす役割をする．

金属内部のバンド構造について述べたが，注意すべきは，表面の電子状態は固体内部のそれとは異なることである．固体表面において，電子に働くポテンシャルは固体内部のものとは異なるからである．金属の表面第1層目のバンド幅は，一般に狭くなる傾向がある．結晶面によっても電子状態は異なるし，また，ステップやキンクが存在するとバンド幅がより狭くなる傾向がある．表面特有の電子状態は，しばしば表面状態（surface state）と呼ばれる．電子状態が異なると，反応性も当然変わってくる．

### 3.5.3 表面バンド構造と吸着

次に，遷移金属表面への分子の吸着について，電子状態がいかに重要であるかを述べよう．酸素の化学吸着を例とする．図3.16は，酸素原子がRh(110)表面に吸着したときの電子状態を示している．酸素p軌道とRh(110)のフェルミ準位（$\varepsilon_f$）近傍のバンド構造がそれぞれ左右に示してある．真ん中は，酸素原子のp軌道が表面バンド構造と混成してできた軌道である．この混成軌道の下側が結合性軌道で，上側が反結合性である．混成軌道には，電子がフェルミ準位まで満たされることになる．フェルミ準位から$-6\,\mathrm{eV}$のところにピークがあるが，酸素原子のピーク（$-4\,\mathrm{eV}$）より下に位置するので，酸素の吸着状態は安定であるといえる．すなわち，この吸着酸素のピークが下にあればあるほど，酸素と金属表面との結合は強く吸着状態は安定となる．

ほかの金属表面での酸素の吸着を見てみよう．図3.17はNi，Pd，Pt，Cu，Ag，Au表面の酸素吸着である．Ag，Au，Cuでは$-1\sim-2\,\mathrm{eV}$のところに反

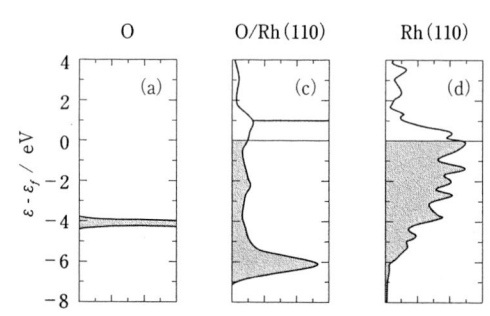

**図3.16** Rh(110)表面上の吸着酸素の電子状態
$\varepsilon_f$はフェルミ準位．塗りつぶしの部分は電子が占有されている．
酸素の準位はOに比べてO/Rh(100)のほうが安定化していることがわかる．

## 3.5 表面の電子状態

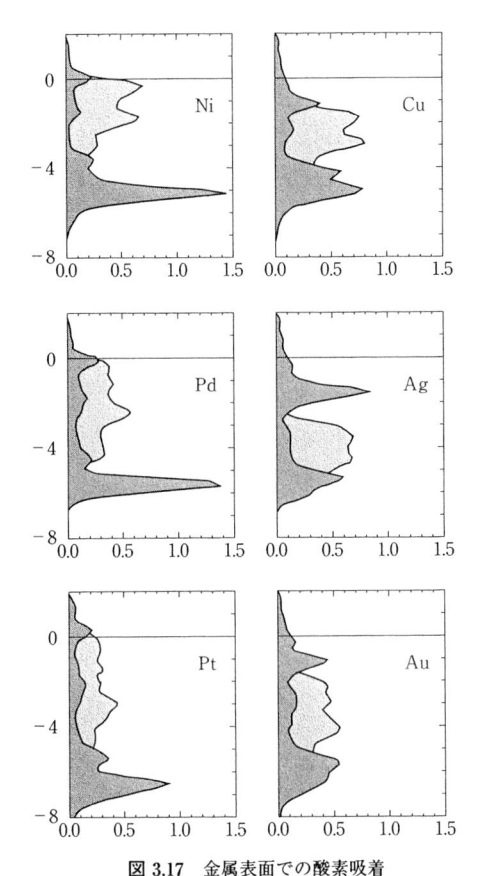

**図 3.17** 金属表面での酸素吸着
濃いアミ部分が金属 d 軌道の状態密度. 薄いアミ部分が吸着酸素 p 軌道の状態密度.

結合性のピークが見られる．これは，図 3.16 に示した酸素原子のピーク（－4 eV）より浅いところに位置する．すなわち，反結合性軌道に電子が詰まるため，酸素の吸着状態は安定ではない．したがって Ag，Au，Cu 表面での酸素の吸着エネルギーは小さくなる．一方，Ni，Pd，Pt の場合は，$-5\,\mathrm{eV}\sim-7\,\mathrm{eV}$ に結合性のピークが見られる．安定な準位に電子が多数含まれるということは，酸素の吸着エネルギーは大きいことになる．フェルミ近傍付近の不安定な反結合性のところを見ると，ピークは小さいことがわかる．したがって安定化の寄与が大変大きいことがわかる．その結果，酸素の吸着エネルギーは大きくなるのである．このように吸着エネルギーは，フェルミ準位近傍のバンド構造と分子から形成され

る混成軌道の準位で説明される．

### 3.5.4 金属酸化物表面の電子状態

金属酸化物は，さまざまな触媒活性を示すことが知られている．バンド構造の観点から見ると，絶縁体，半導体および金属性のものなどがあり，バラエティーに富んでいる．アルカリ土類金属酸化物（MgO, CaO, BaO）や $Al_2O_3$ などは，イオン結合性が強く絶縁体でありバンドギャップが大きい．これらの金属の電気陰性度は小さく，金属と酸素はそれぞれ正イオン，および負イオンとなりイオン結晶をつくっている．一方，共有結合性も含まれている ZnO や $SnO_2$ などは，バンドギャップが比較的小さく半導体であるが，処理条件によっては金属的にもなる．

金属酸化物のバルクの電子状態が，触媒の性質に関係しているわけであるが，問題は表面の電子状態である．一般に表面と固体内部では電子状態が異なり，さらに表面構造によっても著しく違うのである．図 3.18 は ZnO ($10\bar{1}0$), ZnO (0001)-Zn, ZnO ($000\bar{1}$)-O の表面に対する紫外光電子分光スペクトル（固体内部のスペクトルを差し引いた差スペクトル）である．これは価電子帯に対応している．露出面によって表面の電子状態が著しく異なることがわかる．ZnO ($10\bar{1}0$) 面は Zn と O が表面に露出している．

ZnO(0001)-Zn と ZnO($000\bar{1}$)-O はそれぞれ Zn および O が露出している．こ

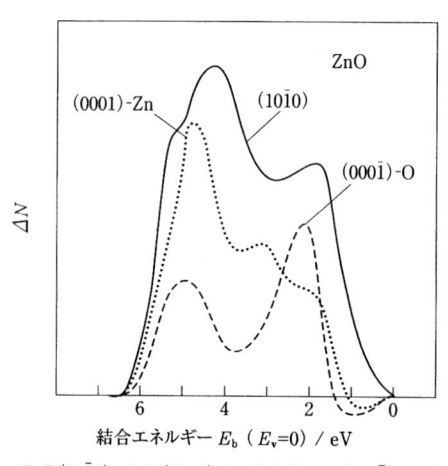

図 3.18　ZnO($10\bar{1}0$), ZnO(0001)-Zn および ZnO($000\bar{1}$)-O 表面の電子状態

## 3.5 表面の電子状態

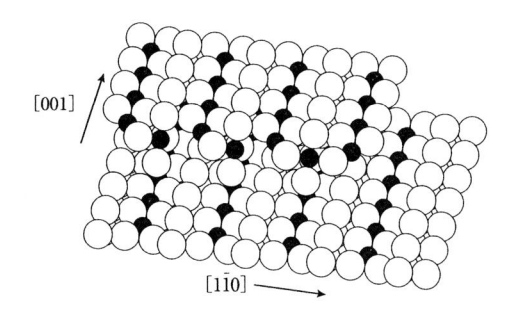

**図 3.19** 表面欠陥を含むルチル型金属酸化物の (110) 面
白丸は酸素,黒丸は金属を示す.金属1原子に対する酸素の配位数は平坦な面で 5,欠陥部位は 4 である.

の両面を比較すると,O 露出面では浅い準位(2 eV 付近)のピークが大きく電子を与えやすく,Zn 露出面では電子を受け取りやすいといえる.金属イオンがルイス酸,酸素イオンがルイス塩基として働くことが多いが,それは表面のバンド構造からよく説明できるのである.以上のように露出面によって触媒能は著しく変化するわけである.

さらに露出面と並んで重要なポイントは表面欠陥である.一般に金属酸化物の表面は欠陥が多数存在する.金属表面とは異なり,単結晶の金属酸化物を使った実験では表面欠陥のステップ,キンクおよび点欠陥を減らすことは困難である.このような部位が触媒活性点となる場合が多い.

図 3.19 はルチル型金属酸化物($TiO_2$,$SnO_2$,$RuO_2$)の (110) 面に生じる表面欠陥を示している.ルチル型では (110) 面が最も安定であり,理想表面では金属原子に 5〜6 個の酸素原子が配位している.欠陥部位では 4〜5 である.バルク内部では金属原子1個に酸素が 6 原子配位しているので,配位数 4 および 5 の場合,配位不飽和度は 2 および 1 となる.熱的に不安定な面である (100) 面では配位不飽和度が 2 である.配位不飽和度の違いによって触媒反応が起きたり起きなかったりすることがしばしばある.したがって触媒を調製するうえで配位不飽和度を制御することが重要である.

ここで,少量の表面欠陥が活性点となる場合,その電子状態を調べることは容易ではないことに注意すべきである.例えば図 3.18 は表面全体の電子状態を表わすのであって,少量の欠陥はスペクトルとして見えないことが多いからである.

# 4

# 固体触媒反応の素過程と反応速度論

## 4.1 表面での素過程

　触媒作用の本質は，反応が起こりやすい反応経路を与えることである．化学反応は元素の結合の組み替えであり，一見簡単な反応でも，それ以上分割できない最小単位の要素的反応（素過程，素反応ともいう）で組み立てられている．これらの一連の素過程が連続して起きて，初めて触媒反応は進行する．逆にいえば，もし一つの素過程を止めると触媒反応は進まなくなる．したがって触媒反応は起こりやすい素過程から構成されるといえる．この素過程の組立てを反応機構（reaction mechanism）という．

　固体触媒の表面での反応機構は次のような素過程から構成される．まず，反応分子が反応系の気相内を拡散して，表面に吸着する（吸着）．吸着分子の結合が切断され（解離），表面移動と吸着種間の衝突によって新しい分子が生成する（表面反応）．これらが生成物として表面から気相へ脱離する（脱離）．

　このように，一連の素過程が表面という同じ場所で連続して起こるために反応がすばやく起こる．気相で分子同士が反応するよりも，多くの場合，格段に反応が起こりやすい．触媒が活性であるとは反応速度が大きくなることを意味する．したがって，触媒の本質を探るうえで速度論の解析が重要である．触媒反応の正味の速度（overall rate）は吸着，解離，表面移動，表面反応，脱離などの素過程からなる反応の速度論によって決まる．そこで本章では，触媒の本質である速度論に焦点を絞り，はじめに吸着，解離，表面反応，脱離など素過程について解説し，次にそれらを組み合せた固体触媒反応の反応速度論について述べる．

## 4.2 吸　　着

### 4.2.1　物理吸着と化学吸着

はじめに，分子や原子などの粒子が表面に近づいたときの一般的なエネルギー変化を図4.1(a)に示す．ここでは分子を考えよう．分子と表面間の距離を $x$ として，無限遠から表面に向かって分子を近づけると，まず，分子間力のうち引力が作用してエネルギーが低下する．さらに近づけると斥力の支配が大きくなり不安定化する．この両者の作用の結果，距離 $x_1$ のところで最も安定となる．ここが吸着状態である．このようなポテンシャル曲線を，レナード-ジョーンズポテンシャル[*1]（Lennard-Jones potential）と呼ぶ．無限遠に比べると $\Delta E_a$ だけエネルギーが減少し安定化するので，熱が発生する．この $\Delta E_a$ が吸着エネルギー

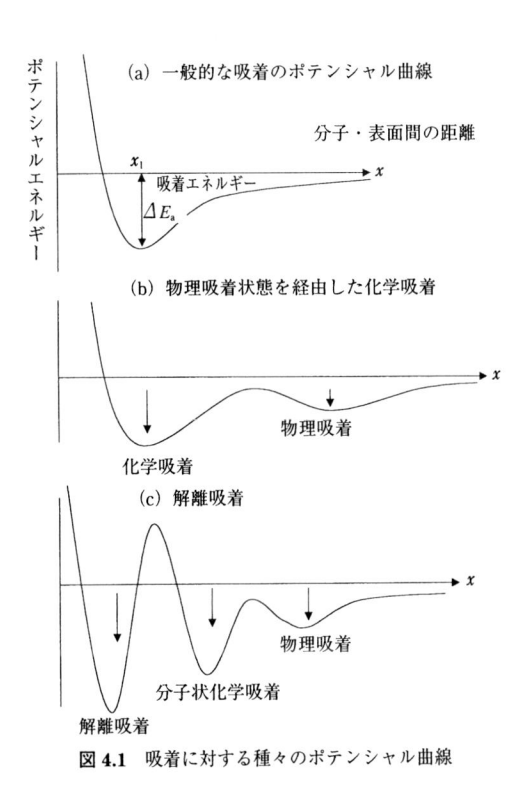

図 4.1　吸着に対する種々のポテンシャル曲線

(a) 一般的な吸着のポテンシャル曲線
(b) 物理吸着状態を経由した化学吸着
(c) 解離吸着

---

[*1] $U(r) = 4\varepsilon[(\sigma/r)^{12} - (\sigma/r)^6]$ 型のポテンシャル．

であり，吸着熱に相当する．このように吸着現象は一般に発熱である．

吸着には物理吸着と化学吸着がある．物理吸着の本質は電子の授受はなく静電力によるものであり，弱い相互作用である．吸着エネルギーの大きさでいうと5～40 kJ·mol$^{-1}$程度である．一方，化学吸着は，分子または原子が固体表面の原子と電子のやり取りをして，化学結合を形成する化学反応である．吸着の強さは化学反応のエネルギーに相当し，40～800 kJ·mol$^{-1}$程度である．

例として，CO分子の物理吸着と化学吸着を考えてみよう．CO分子の電子雲は酸素側に引きつけられており，炭素側は若干正に荷電し，酸素側は若干負に荷電する電気双極子である．金属表面では電子が浸み出し電気的に負であるのでCO分子に静電気的な力を及ぼす．静電的相互作用の特徴は比較的遠距離で働くことである．

一方，化学吸着は電子の授受が必要なので，分子が表面原子に対して原子のサイズ程度に近づいたときにはじめて起こる．これをモデル的に示すと図4.1(b)のようになり，物理吸着は表面から離れたところにポテンシャルのくぼみがあるが，化学吸着ではより表面近傍にポテンシャル最少点がある．

物理吸着を利用した表面積測定法として，BET法がよく知られている．理論式を導いたブルナウアー (Brunauer)，エメット (Emmett)，テラー (Teller) の3人の頭文字を取ってBET法と呼ばれる．窒素などの気体分子を沸点温度近傍で吸着させると多層吸着が起こる．吸着分子数および分子径からBET比表面積が求められる．詳しい測定方法は6.3節で述べる．

化学吸着には分子状吸着と解離吸着がある．前者は単に分子が吸着する場合で，後者は図4.1(c)のように吸着に伴い分子の結合が切断される場合である．触媒反応では解離が特に重要な素過程である．解離吸着には，いったん化学吸着状態を経て解離する場合と，そうでない場合がある．

### 4.2.2 化学吸着の選択性

化学吸着が，一種の化学反応と見なすことができることを具体的に示そう．図4.2には金属表面における酸素，窒素および水素の初期吸着熱と，それらに相当する金属酸化物，および金属窒化物の標準生成熱との関係を示した．ここで，初期吸着熱とは，吸着量をゼロに外挿したときの吸着熱である．測定した吸着熱と相当する化合物の生成熱との間に，ほぼ直線関係が成り立つ．その値の大きさか

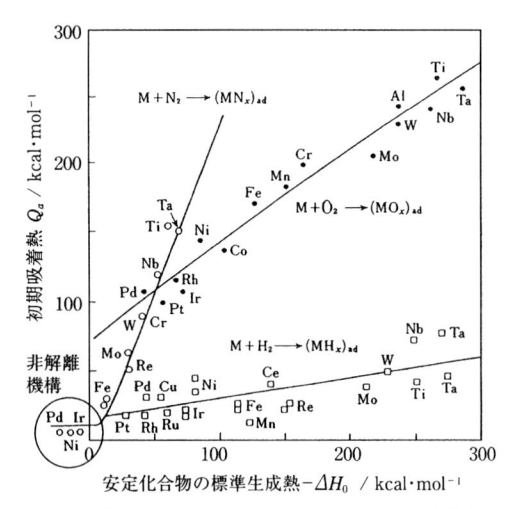

**図 4.2** 種々の金属表面での $N_2$, $O_2$ および $H_2$ の吸着熱と対応する安定化合物の標準生成熱との関係

らも，化学吸着が化学反応であるといえる．酸素の吸着熱に着目しよう．Pt, Pd, Rh, Ir は酸化物の標準生成熱（$-\Delta H$）が小さい．酸化物をつくりにくい金属であるからだ．これらの金属表面での酸素の吸着熱は予想どおり小さい．

一方，酸化物の標準生成熱（$-\Delta H$）が大きい Ta, Ti, Nb, Al などでは，酸素の吸着熱も大きいことがわかる．このように酸素の吸着熱の大きさと，酸化物の標準生成熱はよく対応することから，化学吸着は一種の反応であるといえ，金属表面の原子と酸素から表面酸化物を生成する過程と見なせる．同様なことは窒化物，水素化物に関してもいえる．

そのほかの金属への分子の吸着の選択性に関して，周期律表に従い分類したものが表 4.1 である．ここで，＋（吸着する）と－（吸着しない）は定性的ではあるが，十分安定な強い吸着が可能か否かを示している．同族の元素は，同様な吸着特性を示すことが明らかであり，一般的傾向を見るには便利である．酸素は多くの金属表面に強く吸着するが，窒素や二酸化炭素は限られた金属にのみ吸着する．

A グループは，2 族の Ca, Sr, Ba と 4 族から 8 族の金属からなるが，各種の分子に大きな吸着能力を示す原因は非占有 d 電子軌道のためである．1～3 族の金属は吸着が弱い傾向がある．なお，この表にはないが，金の場合は例外で一般

**表 4.1** 化学吸着特性による金属・半金属の分類

| 族 | グループ | 元素記号 | ガス | | | | | | |
|---|---|---|---|---|---|---|---|---|---|
| | | | $O_2$ | $C_2H_2$ | $C_2H_4$ | CO | $H_2$ | $CO_2$ | $N_2$ |
| 2<br>4<br>5<br>6<br>8 | A | Ca, Sr, Ba<br>Ti, Zr, Hf<br>V, Nb, Ta<br>Cr, Mo, W<br>Fe, Ru, Os | + | + | + | + | + | + | + |
| 9, 10 | $B_1$ | Ni, Co | + | + | + | + | + | + | − |
| 9, 10 | $B_2$ | Rh, Pd, Pt, Ir | + | + | + | + | ± | − | − |
| 7, 11 | $B_3$ | Mn, Cu | + | + | + | + | + | − | − |
| 13, 11 | C | Al, Au | + | + | + | − | − | − | − |
| 1 | D | Li, Na, K | + | + | − | − | − | − | − |
| 2, 11, 12,<br>13, 14, 15 | E | Mg, Ag, Zn, Cd<br>In, Si, Ge, Sn<br>Pb, As, Sb, Bi | + | − | − | − | − | − | − |

+: 吸着する, −: 吸着しない, ±: 吸着しても弱いかあるいは条件による.

には吸着が起こりにくく,酸素でさえも吸着しない.しかしきわめて小さい微粒子にすると,反応性が変わり吸着能や触媒活性が現われる.

分子状吸着と解離吸着の選択性についても述べよう.一酸化炭素の分子状吸着と解離吸着は次式のように表わされる.

$$CO \longrightarrow CO_a \qquad \text{分子状吸着} \qquad (4.1)$$

$$CO \longrightarrow CO_a \longrightarrow C_a + O_a \qquad \text{解離吸着} \qquad (4.2)$$

ここで,添字 a は吸着状態を表わす.解離吸着の吸着エネルギーは分子状吸着のそれよりも大きい.これは炭素および酸素が金属表面と強く結合し,表面酸化物および表面炭化物を形成するからである.

図 4.3 は CO の吸着熱と金属酸化物の生成熱との関係を示している.分子状吸着の場合,$30 \sim 50 \text{ kcal} \cdot \text{mol}^{-1}$ であるが,解離吸着では $80 \sim 150 \text{ kcal} \cdot \text{mol}^{-1}$ と著しく大きな値となる.金属酸化物の生成熱との間に直線関係が成り立つ理由は,図 4.2 で説明したように,吸着熱と表面化合物の生成熱との間によい相関があるためである.

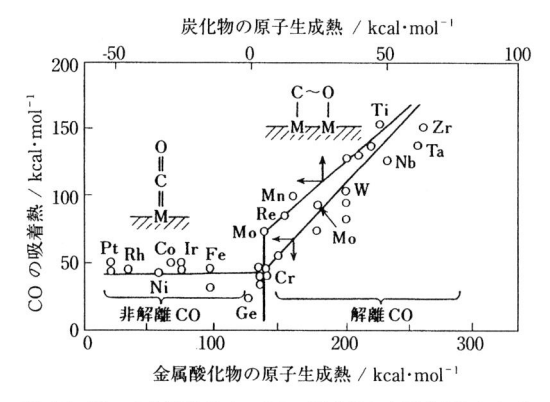

図 4.3 種々の金属表面での CO の吸着熱と金属酸化物および金属炭化物の原子生成熱との関係

### 4.2.3 吸着のタイプと規則的配列

　分子や原子が表面の原子配列のどのような位置に吸着するかは，分光学的にかなり具体的に調べられている．図 4.4 のように，表面原子の真上の位置に分子が吸着する場合，吸着位置はオントップサイトと呼び，またリニア型の吸着とも呼ばれる．一方，表面 2 原子にまたがって吸着している状態をブリッジ型と呼び，表面 3 原子または 4 原子のくぼみの位置を，3 原子ホローサイト (threefold hollow site)，4 原子ホローサイト (fourfold hollow site) と呼ぶ．

　これらの違いは赤外分光などの振動分光法によって区別できる．例えばオントップ型，ブリッジ型，3 原子ホローサイトの CO 間の伸縮振動スペクトルは，金属の種類や表面構造によって変化するが，おおむね表 4.2 のように現われ，リニアがブリッジやホローサイトになるに従って，C-O 伸縮振動の波数が低下しており，CO 間の結合がゆるんでいることを示している．いずれも，気相 CO 分子の C-O 伸縮振動 $2,143\ \mathrm{cm^{-1}}$ よりは小さな値となる．

　分子や原子の吸着構造における特徴は，それらの規則的配列である．図 4.5 は Rh(111) 表面に吸着している CO の STM 像であるが，規則的に配列していることがわかる．このほかにも非常に多くの規則配列のパターンが知られている．吸着構造を決める一つの重要な因子は，吸着分子間に働く相互作用である．吸着種間に引力が働くならば，たがいに集まって島状に吸着する（アイランドの形成）．一方，吸着種間に斥力が働くならば，たがいに離れ合う傾向がある．また，A，

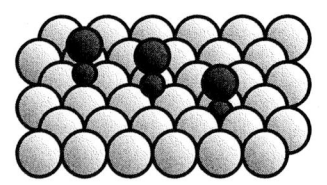

**図 4.4** 分子の吸着サイト
on-top(表面原子の真上のサイト), bridge(2原子のくぼみサイト), threefold hollow(3原子のくぼみサイト).

**表 4.2** CO 吸着のタイプ

| オントップ | M–CO | $2,130 \sim 2,000 \ cm^{-1}$ |
|---|---|---|
| ブリッジ | $(M)_2 CO$ | $2,000 \sim 1,880 \ cm^{-1}$ |
| 3原子ホロー | $(M)_3 CO$ | $1,880 \sim 1,800 \ cm^{-1}$ |

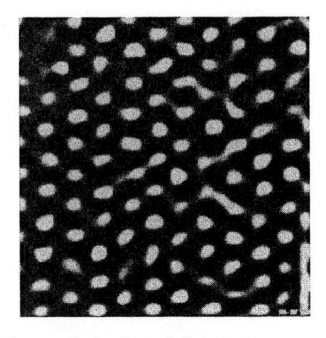

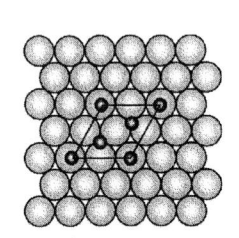

**図 4.5** Rh(111) に吸着する CO の STM 像（左）とその吸着モデル（右）

Bという2種の分子が吸着していて，どの分子間にも斥力が働く場合，AA および BB 間の斥力よりも AB 間の斥力が大きければ，高被覆率のとき A と B はそれぞれ独立した島をつくる．分子間の相互作用は，吸着種の電気双極子による相互作用や，表面内部を介しての相互作用などが考えられている．後述するように，吸着分子間の相互作用が，吸着熱や脱離の速度論に大きな影響を及ぼす．

分子または原子の吸着に伴い，表面原子の配列が変わることがある．これを吸着誘起の表面再構成という．Ni(100) 面の表面は正方格子からなっているが，これに炭素がつくと図 4.6 のような構造に変化する[*2]．炭素はニッケル原子と強

---

*2) $p(2 \times 2) p 4 g$ 構造またはクロック再構成と呼ばれている．

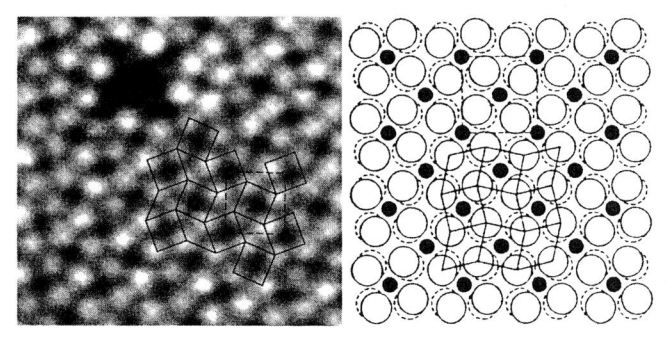

**図 4.6** Ni(100) 表面に炭素が吸着したときの表面再構成
左は STM 像であり白丸の像は Ni 原子 1 個に対応する．右は吸着モデルであり，白丸が Ni 原子で黒丸が炭素原子．点線が再構成前の Ni 原子の位置．

く結合し，表面にニッケル炭化物に相当する化合物ができる．その結果，格子は大きくなり大きなひずみが生じる．そのひずみを小さくするために，Ni 原子の位置がずれてより密な表面構造を形成する．炭素，酸素，硫黄，窒素などの吸着による固体表面の再構成がしばしば観察される．

## 4.3 吸着の速度論

### 4.3.1 衝突頻度と吸着速度

吸着の速度論について述べよう．はじめに分子状吸着の速度式を導こう．特に速度式の導出過程を理解してもらいたい．固体表面への分子の衝突頻度 $Z$ は分子運動論から次のように表わされる．単位表面積当たり，単位時間当たりの衝突分子数である（$cm^{-2} \cdot s^{-1}$）．$m$ は分子の質量，$P$ は圧力，$T$ は気体温度，$k$ はボルツマン定数である．

$$Z = P(2\pi mkT)^{-\frac{1}{2}} \tag{4.3}$$

衝突頻度は圧力，温度，質量に依存することを覚えておこう．吸着速度 $r_a$ はこの衝突頻度に吸着する確率，すなわち付着確率（sticking probability）$\sigma$ をかけたものである．$\sigma = 1$ は衝突した分子がすべて吸着し，$\sigma = 0.01$ なら衝突した分子の 1% が吸着することを意味する．すなわち，$\sigma$ が吸着速度の指標であり，吸着のしやすさを表わす．

$$r_a = \sigma Z = \sigma P(2\pi mkT)^{-\frac{1}{2}} \tag{4.4}$$

表面が吸着分子で覆われると，残る吸着サイト数は少なくなるので，$\sigma$ は減少

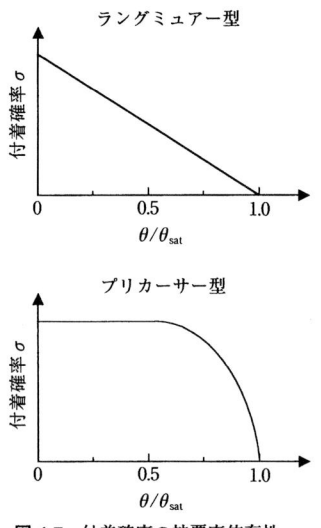

**図 4.7 付着確率の被覆率依存性**

する．表面がすべて吸着分子で覆われると $\sigma=0$ となる．吸着の速度論で重要なのは，この付着確率 $\sigma$ と被覆率 $\theta$ との関係である．被覆率とは吸着分子が表面を被覆する割合である．

付着確率 $\sigma$ と被覆率 $\theta$ との関係には，大きく分けて二つのタイプがある．図 4.7 のように，付着確率が直線的に減少する場合（ラングミュアー（Langmuir）型吸着）と，被覆率が増えても付着確率が減少せず，飽和被覆率のところで $\sigma=0$ となる場合である．これが前駆体（プリカーサー）吸着モデルである．前駆体は物理吸着状態である．気体分子が表面に衝突後，前駆体状態で表面上を動き回り，空きサイトを探してそこに化学吸着する．したがって被覆率が大きくなっても付着確率の減少しない領域があり，被覆率が飽和値に近づくと急激に減少する．また，前駆体状態にあって表面を動き回る，いわゆる2次元気体としての滞在時間は温度が低いほど長い．

### 4.3.2　ラングミュアー吸着の速度式

ラングミュアー吸着のモデルは以下のとおりである．
(1) 表面には一定数の吸着サイトがあり，各サイトは独立している．
(2) 各サイト吸着の強さ，すなわち，吸着熱はどのサイトも同じである．

(3) 異なった吸着サイト間,および吸着分子間に相互作用はない.
(4) 吸着による誘起的な不均一性は生じない.

ここでは,典型的な1次のラングミュアー型吸着速度式を示そう.$\theta$を被覆率,すなわち吸着で占拠されているサイトの割合とすると,あいているサイトは$(1-\theta)$となる.$\sigma_0$は被覆率がゼロのときの付着確率とする.

$$\sigma = \sigma_0(1-\theta) \tag{4.5}$$

$$r_\mathrm{a} = \sigma Z = \sigma_0(2\pi mkT)^{-\frac{1}{2}} P(1-\theta) \tag{4.6}$$

ここで,$P$は圧力である.被覆率が飽和に達する$\theta=1$で付着確率はゼロになる.吸着量が小さいときは,吸着分子間の相互作用が無視できるので実用上適用可能である.

一方,通常の反応速度式と同様に,吸着の速度定数を$k_\mathrm{a}$とした速度式は式(4.7)のようになる.ここでもラングミュアーの仮定をおいている.吸着の速度式として(4.6)式と同等である.

$$\frac{d\theta}{dt} = r_\mathrm{a} = k_\mathrm{a}P(1-\theta) = A\exp\left(-\frac{E_\mathrm{a}}{RT}\right)P(1-\theta) \tag{4.7}$$

表面科学実験で速度解析をする場合は,式(4.6)を使うことが多いのは,付着確率を精確に測定することができるからである.式(4.6)および式(4.7)から次式が導かれる.

$$k_\mathrm{a} = \sigma_0(2\pi mkT)^{-\frac{1}{2}} \tag{4.8}$$

### 4.3.3 解離吸着の速度論

分子が一度化学吸着してから解離する場合と,分子が直接表面と衝突して解離する場合とでは取扱いが異なる.ここでは,前者の場合の取扱いを述べる.一般に次式で示すように,2原子分子の$A_2$が分子状吸着(化学吸着)と予備平衡状態にあり,第2段階の吸着分子の解離が律速と見なせる場合が多い.

$$A_2 \underset{k_{-1}}{\overset{k_1}{\rightleftarrows}} A_{2.\mathrm{a}} \overset{k_2}{\longrightarrow} 2A_\mathrm{a} \tag{4.9}$$

吸着分子$A_{2.\mathrm{a}}$の被覆率が小さいとき,吸着の速度式は次のようになる.$X$を吸着分子の濃度とすると,

$$2r = r_1\left(\frac{r_2}{r_{-1}+r_2}\right) \fallingdotseq \frac{r_1 r_2}{r_{-1}} \tag{4.10}$$

$$(\because \quad r_{-1} \gg r_2)$$

同様に $k_{-1} \gg k_2$ の場合には，

$$k = k_1\left(\frac{k_2}{k_{-1}+k_2}\right) \fallingdotseq \frac{k_1 k_2}{k_{-1}}$$

$$= \frac{A_1 A_2}{A_{-1}} \exp\left(-\frac{E_1+E_2-E_{-1}}{RT}\right) \tag{4.11}$$

見かけの活性化エネルギーを $E_a$ として $k = A\exp(-E_a/RT)$ と比較すると，

$$A = \frac{A_1 A_2}{A_{-1}} \quad \text{および} \quad E_a = E_1 + E_2 - E_{-1} \tag{4.12}$$

となる．

$A_{2,a}$ の定常状態における被覆率が大きく飽和に到達しているとき，$\theta_{A2,a} \fallingdotseq$ constant と見なせるから，活性化エネルギーは以下のように $E_2$ となる．

$$r = k_2 \theta_{A2,\text{sat}} \propto k_2 \propto A\exp\left(-\frac{E_2}{RT}\right) \tag{4.13}$$

## 4.4 脱　　離

### 4.4.1 脱離の速度式

脱離は吸着の逆反応である．速度式は，脱離の速度定数 $k_d$ を用いて次式で表わされる．

$$-\frac{d\theta}{dt} = r_d = k_d \theta^n \tag{4.14}$$

$n=1$ のときは 1 次脱離と呼ばれ，例えば分子状吸着 CO の脱離に対応する．

$$\text{CO}_a \longrightarrow \text{CO} \quad (\text{分子状吸着種の脱離})$$

$n=2$ のときは 2 次脱離と呼ばれ，例えば解離吸着した $N$ の会合脱離に対応する．

$$2N_a \longrightarrow N_2 \quad (\text{会合脱離})$$

$k_d$ は次式で表わされる．

$$k_d = \nu \exp\left(-\frac{E_d}{RT}\right) \tag{4.15}$$

ここで $E_d$ は脱離の活性化エネルギー，$\nu$ は前指数因子で通常 $10^{12} \sim 10^{16}\,\text{s}^{-1}$ の

値を取る．脱離するためには吸着エネルギー以上のエネルギーを要する．分子状吸着の活性化エネルギーがゼロの場合には，脱離エネルギーは吸着エネルギーに等しい．

先に，吸着エネルギーが被覆率によって変化することに触れた．吸着分子間に斥力が働く場合，固体表面において吸着分子は不安定化し，吸着エネルギーが減少する（図 4.8）．すなわち脱離しやすくなる（脱離速度が大きくなる）．一方，引力の場合には，被覆率が増えると吸着エネルギーは増大する．このように吸着エネルギーは一般に被覆率の関数となっている．具体的に図 4.9 に示すように，Pd(111) 上の CO 吸着では，34 kcal·mol$^{-1}$ の初期吸着熱が飽和吸着量では 23 kcal·mol$^{-1}$ へと変化する．すなわち，被覆率の増大とともに脱離が起こりやすくなるのである．

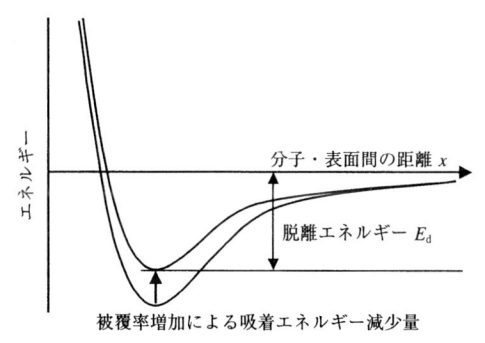

**図 4.8** 被覆率の変化による吸着ポテンシャル曲線の変化

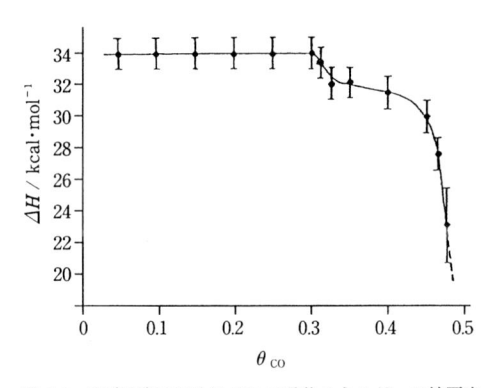

**図 4.9** Pd(111) における CO の吸着エネルギーの被覆率による変化

$\nu$ はエントロピー項であり，密に詰まっているところから，自由に運動できる気相へ脱離するとき $\nu$ は大きくなる（$10^{13}$ s$^{-1}$ 以上）．逆に，表面で自由に動いている状態から脱離する場合にはエントロピー差は小さくなり，$10^{13}$ s$^{-1}$ 程度の大きさになる．

### 4.4.2 昇温脱離実験

真空容器内で吸着種が存在する表面を一定の昇温速度で加熱し，脱離分子を質量分析計などで検出することによって，脱離の速度解析をすることができる．図4.10 は，Ru(0001) 表面でのCO の昇温脱離スペクトルである．横軸は表面温度，縦軸はCO の分圧である．ピークの出現はその温度で急速に分子が脱離することを意味し，ピーク位置は表面と吸着種の結合エネルギーに対応する．そのため，このような測定結果をスペクトルと見なし，昇温脱離スペクトル（Thermal Desorption Spectroscopy：TDS，またはTemperature Programmed Desorption：TPD）と呼ばれる．実験は，排気速度が非常に大きく，脱離するやいなや排気

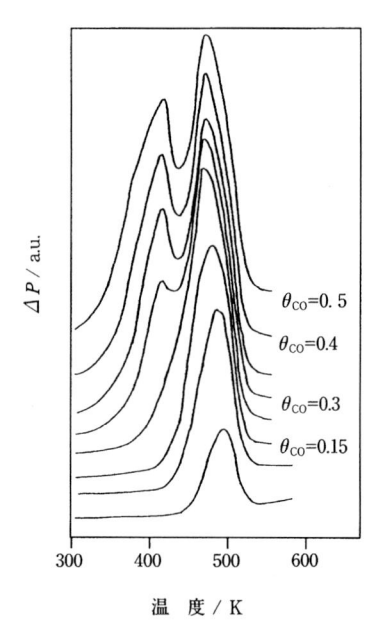

**図 4.10** Ru (0001) 表面での CO の昇温脱離ピーク
被覆率が 0.3 以上になると低温側にピークが現われる．

されるという条件で行う．その結果，脱離速度は容器内の圧力増加 $\Delta P$ に比例することになる．

$$r_{\mathrm{d}} \propto \Delta P \tag{4.16}$$

これは重要なことである．すなわち，昇温脱離スペクトルを眺めるとき縦軸が速度に対応すると見てよい．ただし，次のように見なすべきである．ピークが立ち上がる裾野のところではあまり被覆率が変化せず，被覆率一定での脱離速度と見なすことができるが，ピーク半ばになると被覆率が減るために，脱離速度が低下することになる．これは式 (4.14) より明らかである．吸着量はピーク面積に比例する．

## 4.5　吸着脱離平衡

吸着と脱離が，同時に起きているときの取扱いについて述べる．

### 4.5.1　ラングミュアー吸着等温線

前述のラングミュアー吸着モデルを仮定し，吸着は圧力に 1 次，脱離は被覆率に 1 次とおく．

$$r_{\mathrm{a}} = k_{\mathrm{a}} P (1-\theta) \tag{4.17}$$
$$r_{\mathrm{d}} = k_{\mathrm{d}} \theta$$

吸着平衡が成立する場合，吸着速度と脱離の速度が等しいので，

$$k_{\mathrm{a}} P (1-\theta) = k_{\mathrm{d}} \theta \tag{4.18}$$

$$\theta = \frac{k_{\mathrm{a}} P}{k_{\mathrm{a}} P + k_{\mathrm{d}}} = \frac{KP}{1+KP} \tag{4.19}$$

ここで，$K = k_{\mathrm{a}} / k_{\mathrm{d}}$ は吸着平衡定数である．

吸着分子数を $N_{\mathrm{a}}$，飽和吸着分子数を $N_{\mathrm{s}}$ とすると，次式のように書ける．

$$N_{\mathrm{a}} = N_{\mathrm{s}} \theta = \frac{N_{\mathrm{s}} KP}{1+KP} \tag{4.20}$$

式 (4.19) または式 (4.20) をラングミュアーの吸着等温線 (isotherm) という．

式 (4.19) の両辺の逆数から，次式が得られる．

$$\frac{1}{\theta} = 1 + \frac{1}{KP} \tag{4.21}$$

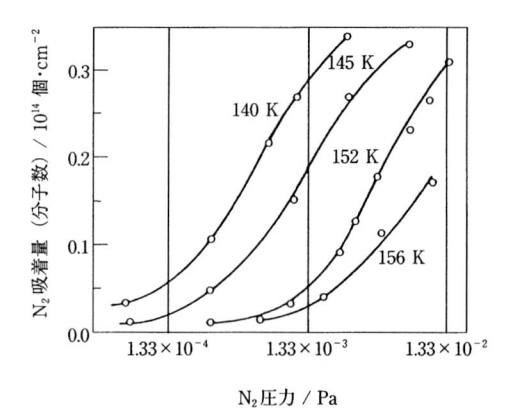

**図 4.11** Fe(111)上の $N_2$ の吸着等温線

図 4.11 のように分圧と吸着量の実験データをプロットすることで,ラングミュアー式の適用性が検証され,同時に吸着平衡定数が測定できる.

### 4.5.2 ラングミュアー型の競争吸着

気体 A と B が,同じサイトに吸着する場合を競争吸着(または混合吸着)と呼ぶ.このときの平衡吸着量は以下のようにして導かれる.A に対する吸着および脱離の速度定数は,それぞれ $k_A$ および $k'_A$,B に対しては $k_B$ および $k'_B$ とする.

$$A \rightleftharpoons A_a \tag{4.22}$$

$$B \rightleftharpoons B_a \tag{4.23}$$

平衡状態では,A と B のそれぞれについて,吸着速度と脱離速度が等しいから,

$$k_A P_A (1 - \theta_A - \theta_B) = k'_A \theta_A \tag{4.24}$$

$$k_B P_B (1 - \theta_A - \theta_B) = k'_B \theta_B \tag{4.25}$$

よって

$$\theta_A = \frac{K_A P_A}{1 + K_A P_A + K_B P_B} \tag{4.26}$$

$$\theta_B = \frac{K_B P_B}{1 + K_A P_A + K_B P_B} \tag{4.27}$$

ここで,各吸着平衡定数はそれぞれ,$K_A = k_A/k'_A$,$K_B = k_B/k'_B$ である.
式 (4.26) と式 (4.27) から,A と B の吸着量の比は次式で表わされる.

$$\frac{\theta_A}{\theta_B} = \frac{K_A P_A}{K_B P_B} \tag{4.28}$$

$KP$ が大きいほど，吸着量は相対的に大きくなることがわかる．したがって，A が B よりも強く吸着する場合でも，B の圧力が A よりもずっと大きくなると B の平衡吸着量は A のそれよりも大きくなる．すなわち注意すべきは，強く吸着するものが多量に吸着しているとは限らない．

## 4.6 表面反応

表面に，ランダムに分布している A と B という吸着種が反応する過程を考えよう．

$$A_a + B_a \longrightarrow AB_a \tag{4.29}$$

速度式は以下のように与えられる．

$$r = k\,\theta_A \theta_B \tag{4.30}$$

しかし，吸着種は表面にランダムに分布するとは限らない．吸着量が大きく，温度が低い場合や，吸着種間の相互作用が大きい場合には，A と B の少なくとも一つがアイランド（島）をつくり，その場合には，式 (4.30) は適用できない．例として，アイランドの周囲で起こる表面反応について述べよう．

図 4.12 は，Pt(111) 表面に一定量の酸素を吸着させたのち，CO を流しながら STM で表面を観察し，$CO + O_a \longrightarrow CO_2$ という表面反応を追跡した結果である．点状に映るアイランドの部分が吸着酸素であり，吸着 CO はアイランドのまわりを急速に動き回るので，原子像を観察することはできない．時間の経過とともに酸素アイランドが縮んでいく様子が映し出されている．酸素原子を数えることによって消失速度を導くことができる．すなわち，吸着酸素と吸着 CO の反応速度が求められる．反応速度と酸素アイランドの周囲の長さ ($L$) を調べたところ，比例関係にあることがわかった．

$$r \propto L \tag{4.31}$$

という速度式が報告されていたが，これは式 (4.20) と同等である．

すなわち，直径 $d$ の円形のアイランドを仮定すると，

$$L \propto d \quad \text{および} \quad \theta_O \propto d^2 \quad \text{より} \quad L \propto \theta_O^{\frac{1}{2}} \quad \therefore r \propto \theta_O^{\frac{1}{2}} \tag{4.32}$$

速度は $\theta_O$ の 1/2 乗になることがわかる．すなわち，アイランドの形成によって速度式 (4.30) が成り立たなくなる．

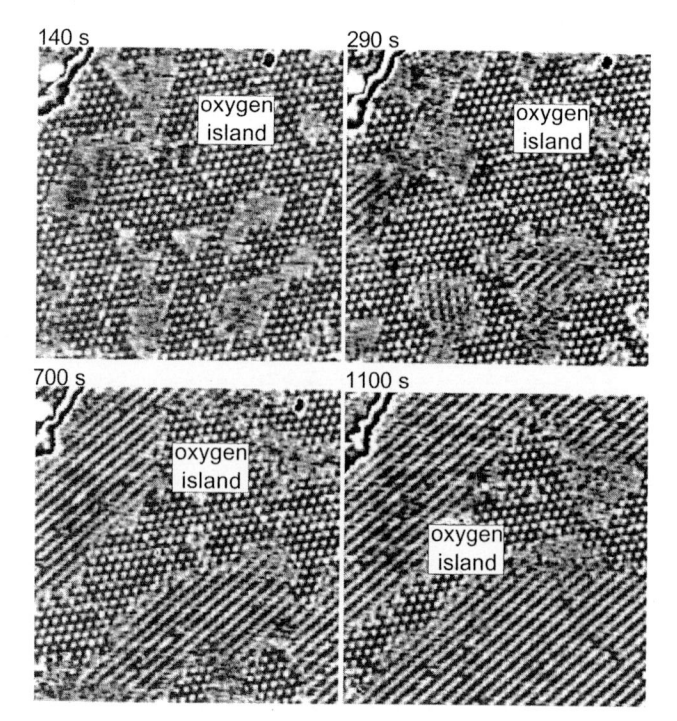

**図 4.12** Pt(111)表面における吸着酸素と一酸化炭素の反応過程の STM 像　点状に写る部分が吸着酸素で斜線状の部分が吸着 CO．酸素を Pt（111）表面に吸着させたのち，CO を流しながら STM を測定している．吸着酸素が反応によって消失していくことがわかる．

## 4.7　一般の反応速度論

(すでに学んでいる人はこの節をとばしてかまわない)

　以上，素過程の速度および速度式について述べたが，どのようにして反応全体の速度が決まるかが問題である．それを議論するのが反応速度論である．

　ここではまず化学反応一般の反応速度論について述べ，4.8 節で固体触媒反応の反応速度論について述べる．

### 4.7.1　定常状態近似法

　速度論の基本的な事項を確認しておこう．化学反応は平衡点に向かって進行する．反応が平衡点に到達すると見かけ上反応は止まる．しかし，実際には右向き

の速度と左向きの速度がつり合っている．これを動的平衡と呼ぶ．

$$A \rightleftarrows B \tag{4.33}$$

正方向の速度を $r_1$，逆方向の速度を $r_{-1}$ とすると，平衡状態では次式が成り立つ．

$$r_1 = r_{-1} \tag{4.34}$$

一般の速度論では，平衡から離れているところ，すなわち，$r_1 > r_{-1}$ または $r_1 < r_{-1}$ での速度を問題とする．全反応速度は以下のように正逆反応の差として表わされる．

$$r = r_1 - r_{-1} \tag{4.35}$$

次に速度論の取扱い方として，最も重要な定常状態近似法について述べよう．

$$A \underset{r_{-1}}{\overset{r_1}{\rightleftarrows}} B \underset{r_{-2}}{\overset{r_2}{\rightleftarrows}} C \underset{r_{-3}}{\overset{r_3}{\rightleftarrows}} D \underset{r_{-4}}{\overset{r_4}{\rightleftarrows}} E \tag{4.36}$$

定常状態とは，反応開始直後や平衡状態から離れたところで，定常的に反応が進行している状態で，中間体（B，C および D）の濃度の時間変化が無視できる状態をいう．すなわち，中間体の生成速度と消失速度が近似的につり合っている状態である．

$$\frac{d[B]}{dt} = \frac{d[C]}{dt} = \frac{d[D]}{dt} = 0 \tag{4.37}$$

よって，

$$\frac{d[B]}{dt} = r_1 + r_{-2} - r_{-1} - r_2 = 0 \tag{4.38}$$

$$\frac{d[C]}{dt} = r_2 + r_{-3} - r_{-2} - r_3 = 0 \tag{4.39}$$

$$\frac{d[D]}{dt} = r_3 + r_{-4} - r_{-3} - r_4 = 0 \tag{4.40}$$

したがって，次式が導かれる．

$$r_1 - r_{-1} = r_2 - r_{-2} = r_3 - r_{-3} = r_4 - r_{-4} \tag{4.41}$$

すなわち 1，2，3，4 の反応について，正逆反応の速度の差がすべて等しいというのが定常状態ということになる．そしてこの差が全反応速度 $r$，すなわち A の消失速度および E の生成速度に等しい．

$$r = r_1 - r_{-1} = r_2 - r_{-2} = r_3 - r_{-3} = r_4 - r_{-4} \tag{4.42}$$

A から E まで濃度の変数五つに対して，式（4.38）から式（4.40）まで三つ

の方程式があるので,任意の濃度を他の二つの濃度で表わすことができる.したがって各中間体濃度 [B], [C], [D] をそれぞれ反応物 A と生成物 E の濃度で表わすことができることになる.一般に,中間体の濃度を測定するのが困難なことが多いが,反応物および生成物の濃度は比較的容易に測定できる.このように定常状態近似のポイントは,全反応速度 $r$ を反応物 A および生成物 E の濃度で表わすところにある.

次のような簡単な例で,定常状態における反応速度を A と C の濃度で表わしてみよう.

$$A \underset{r_{-1}}{\overset{r_1}{\rightleftarrows}} B \underset{r_{-2}}{\overset{r_2}{\rightleftarrows}} C \tag{4.43}$$

ここで速度式を次のようにおく.

$$r_1 = k_1[A] \ , \ r_{-1} = k_{-1}[B] \ , \ r_2 = k_2[B] \ , \ r_{-2} = k_{-2}[C] \tag{4.44}$$

B に対して定常状態の近似を適用すると

$$\frac{d[B]}{dt} = r_1 + r_{-2} - r_{-1} - r_2 = k_1[A] + k_{-2}[C] - k_{-1}[B] - k_2[B] = 0 \tag{4.45}$$

よって

$$[B] = \frac{k_1[A] + k_{-2}[C]}{k_{-1} + k_2} \tag{4.46}$$

結局,全反応速度 $r$ は次式で表わされる.

$$r = r_1 - r_{-1} = r_2 - r_{-2} = k_2[B] - k_{-2}[C]$$
$$= \frac{k_1 k_2[A] - k_{-1} k_{-2}[C]}{k_{-1} + k_2} \tag{4.47}$$

このように,どのようなメカニズムに対しても速度定数がわかれば,同様にし

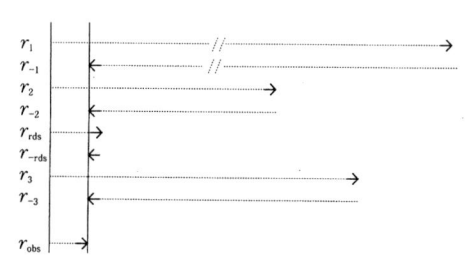

**図 4.13** 反応式の関係

### 4.7.2 予備平衡の仮定

上の定常状態近似において，さらに予備平衡という近似をおいた場合を考えよう．式 (4.48) の反応に対して，定常状態が成り立つときの関係を図 4.13 に示す．矢印の大きさが速度を表わしている．素過程の速度の大きさはそれぞれ異なっていても，正逆反応速度の差は常に等しく，それが全体の速度 $r_{obs}$ に等しいことがわかるであろう．

$$A \underset{r_{-1}}{\overset{r_1}{\rightleftarrows}} B \underset{r_{-2}}{\overset{r_2}{\rightleftarrows}} C \underset{r_{-rds}}{\overset{r_{rds}}{\rightleftarrows}} D \underset{r_{-3}}{\overset{r_3}{\rightleftarrows}} E \tag{4.48}$$

この図では，それぞれの速度の差はそれほど大きく見えないが，一般の化学反応では，素過程によって速度は桁違いに異なる．10桁も異なることがある．しかし定常的に進行しているときの観測される速度 $r_{obs}$，すなわち，正逆反応速度の差は等しい．すなわち図で矢印の長さが大きい素過程では $r_1 \fallingdotseq r_{-1}$ のように近似することが可能である．これが予備平衡の仮定である．このように反応全体は平衡点に到達していなくとも，構成する素過程が，見かけ上ほぼ平衡状態にあると見なすことができる．

この図で，右向きの速度のなかでは律速過程 (rate determining step) の速度 $r_{rds}$ が最も小さく，$r_{obs}$ の大きさに最も近く，全体の反応の速度（正味の反応速度）は，ここで決定（律する）されている．さらに，このような明解な律速過程が存在する場合には，全反応速度が律速過程の速度 ($r_{rds} - r_{-rds}$) に等しいとき，ほかの素過程を平衡状態にあると近似して取り扱う．これが予備平衡を仮定した速度論的解析法である．しかし，定常状態近似法の一つの取扱い方であることを心得ておこう．

図 4.13 において，予備平衡を仮定したときの全反応速度式は，以下のように記述される．

1, 2, 3 の反応が平衡状態にあると仮定してみよう．

$$r_1 = r_{-1} \longrightarrow k_1[A] = k_{-1}[B] \tag{4.49}$$

$$r_2 = r_{-2} \longrightarrow k_2[B] = k_{-2}[C] \tag{4.50}$$

$$r_3 = r_{-3} \longrightarrow k_3[D] = k_{-3}[E] \tag{4.51}$$

次に，全反応速度は律速過程に等しいとおく．

$$r_{\text{obs}} = r_{\text{rds}} - r_{-\text{rds}} = k_{\text{rds}}[\text{C}] - k_{-\text{rds}}[\text{D}] \tag{4.52}$$

以上の式より,

$$r_{\text{obs}} = \frac{k_1 k_2 k_{\text{rds}}}{k_{-1} k_{-2}}[\text{A}] - \frac{k_{-\text{rds}} k_{-3}}{k_3}[\text{E}] \tag{4.53}$$

さらに,平衡定数を用いて記述してみよう.

$$\begin{aligned} K_1 &= \frac{[\text{B}]}{[\text{A}]} = \frac{k_1}{k_{-1}} \\ K_2 &= \frac{[\text{C}]}{[\text{B}]} = \frac{k_2}{k_{-2}} \\ K_{\text{rds}} &= \frac{[\text{D}]}{[\text{C}]} = \frac{k_{\text{rds}}}{k_{-\text{rds}}} \\ K_3 &= \frac{[\text{E}]}{[\text{D}]} = \frac{k_3}{k_{-3}} \end{aligned} \tag{4.54}$$

またAとEの平衡定数を $K\ (=[\text{E}]/[\text{A}])$ とすると,

$$K = \frac{[\text{E}]}{[\text{A}]} = \frac{[\text{B}]}{[\text{A}]}\frac{[\text{C}]}{[\text{B}]}\frac{[\text{D}]}{[\text{C}]}\frac{[\text{E}]}{[\text{D}]}$$

$$= K_1 K_2 K_3 K_{\text{rds}} \tag{4.55}$$

したがって,全反応速度 $r$ は以下のように記述される

$$r = (k_{\text{rds}} K_1 K_2)[\text{A}] - \frac{k_{-\text{rds}}}{K_3}[\text{E}] = (k_{\text{rds}} K_1 K_2)\{[\text{A}] - \frac{1}{K}[\text{E}]\} \tag{4.56}$$

Eの濃度がきわめて小さい場合は $r = k_{\text{rds}} K_1 K_2 [\text{A}]$ と表わされる.これは律速過程の逆反応速度が小さい場合に対応する.

以上のように全反応速度を反応物および生成物の濃度,速度定数,平衡定数で記述することができた.すなわち4.7.1項との違いは平衡定数を利用することができた点にある.平衡定数は計算によって求め得る値であるので,平衡定数による表式は実際有用である.

ここでわかるように,反応速度がどのようにして決まるかを明らかにするには,第一にメカニズムが明らかでなければならず,第二に速度定数や平衡定数を知る必要がある.

## 4.8 固体触媒反応の反応速度論

### 4.8.1 定常状態近似の適用

4.7.1項および4.7.2項では,化学反応一般の反応速度論,特に定常状態近似

## 4.8 固体触媒反応の反応速度論

法について述べてきた．ここでは本論である固体触媒反応の反応速度論に移ろう．一般の反応速度論を固体触媒反応に適用するには，一般の反応速度式 ($r = kC$) に，4.3～4.6節で述べた吸着，解離，表面反応，脱離の速度式を代入することになる．ここにおいて，各表面素過程の速度式の重要性が明らかになる．

固体触媒反応の速度論的解析では特に，律速過程の違いによる速度式の違いがポイントである．ここでは，表面反応および吸着が律速である場合の全反応の速度式を導こう．そのほかの素過程は平衡と近似する．

はじめにメカニズムを仮定する必要がある．以下のように，AとBがそれぞれ吸着したのち，ラングミュアー-ヒンシェルウッド（Langmuir-Hinshelwood）機構によって生成したCが脱離するというメカニズムを例にしよう．まず，すべて平衡にあるとしよう．

$$\begin{aligned}
A &\rightleftarrows A_a & \text{（吸着）} \\
B &\rightleftarrows B_a & \text{（吸着）} \\
A_a + B_a &\rightleftarrows C_a & \text{（表面反応）} \\
C_a &\rightleftarrows C & \text{（脱離）} \\
\hline
A + B &\rightleftarrows C &
\end{aligned} \quad (4.57)$$

四つの反応の平衡を，速度定数および平衡定数を用いて記述しよう．ここで $\theta_V$ は吸着種で占拠されていないサイトであり，次式で表わされる．

$$\theta_V = 1 - \theta_A - \theta_B - \theta_C \quad (4.58)$$

Aの吸着に対して

$$k_1 P_A \theta_V = k_{-1} \theta_A \quad (4.59)$$

$$K_1 = \frac{\theta_A}{P_A \theta_V} = \frac{k_1}{k_{-1}} \quad (4.60)$$

Bの吸着に対して

$$k_2 P_B \theta_V = k_{-2} \theta_B \quad (4.61)$$

$$K_2 = \frac{\theta_B}{P_B \theta_V} = \frac{k_2}{k_{-2}} \quad (4.62)$$

表面反応に対して

$$k_3 \theta_A \theta_B = k_{-3} \theta_C \theta_V \quad (4.63)$$

$$K_3 = \frac{\theta_C \theta_V}{\theta_A \theta_B} = \frac{k_3}{k_{-3}} \quad (4.64)$$

脱離に対して

$$k_{-4}\theta_C = k_4 P_C \theta_V \tag{4.65}$$

$$K_4 = \frac{P_C \theta_V}{\theta_C} = \frac{k_{-4}}{k_4} \tag{4.66}$$

さらに，各素過程の平衡定数の積は次式で表わされる．

$$\begin{aligned} K_1 K_2 K_3 K_4 &= \frac{\theta_A}{P_A \theta_V} \frac{\theta_B}{P_B \theta_V} \frac{\theta_C \theta_V}{\theta_A \theta_B} \frac{P_C \theta_V}{\theta_C} \\ &= \frac{P_C}{P_A P_B} = K = \frac{k_1 \, k_2 \, k_3 \, k_{-4}}{k_{-1} k_{-2} k_{-3} k_4} \end{aligned} \tag{4.67}$$

それでは，ある一つの表面素過程が律速であるとして，固体触媒反応式 (4.57) に対する反応速度式を導こう．はじめは表面反応律速の場合について述べるが，その他の素過程，すなわち吸着や脱離は平衡と見なせるので，式 (4.58)〜(4.62) および式 (4.65)〜(4.67) を使うことになる．具体的に述べよう．

**a. 表面反応が律速のとき**　全反応速度 $r$ は表面反応 ($A_a + B_a \rightleftarrows C_a$) の速度に等しいとして次式で表わされる．

$$r = k_3 \theta_A \theta_B - k_{-3} \theta_C \theta_V \tag{4.68}$$

ほかの吸着，脱離の素過程は平衡状態にあるとするので，式 (4.60)，(4.62)，(4.66) を式 (4.58) に代入して，次式が得られる．

$$\theta_V = \frac{1}{1 + K_1 P_A + K_2 P_B + (P_C / K_4)} \tag{4.69}$$

さらに式 (4.60)，(4.62)，(4.66)，(4.69) を式 (4.68) に代入すると，全反応速度式を，速度定数や平衡定数で次式のように表わすことができた．

$$r = \frac{k_3 K_1 K_2 P_A P_B - (k_{-3}/K_4) P_C}{\{1 + K_1 P_A + K_2 P_B + (P_C/K_4)\}^2} \tag{4.70}$$

式 (4.67) を使うと，式 (4.70) は全反応の平衡定数 $K$ を用いて次式で表わすことができる．

$$r = \frac{k_3 K_1 K_2 \{P_A P_B - (1/K) P_C\}}{\{1 + K_1 P_A + K_2 P_B + (P_C/K_4)\}^2} \tag{4.71}$$

これが表面反応律速の場合の速度式である．

次に，ここで得られた速度式を基礎として，いくつかの特別の場合を考えよう．まず逆反応が無視できる場合を考えよう．表面反応の逆反応速度をゼロとしよ

う.

$$k_{-3}\theta_C \theta_V \fallingdotseq 0 \tag{4.72}$$

すると (4.71) の $(1/K)P_C$ の項がゼロとなり，次式が導かれる．

$$r = \frac{k_3 K_1 K_2 P_A P_B}{\{1 + K_1 P_A + K_2 P_B + (P_C/K_4)\}^2} \tag{4.73}$$

次に A, B, C の吸着エネルギーが非常に小さい場合を考えてみよう．すなわち，式で書くと次のような条件である．

$$K_1 P_A \ll 1, \qquad K_2 P_B \ll 1, \qquad \frac{P_C}{K_4} \ll 1 \tag{4.74}$$

式 (4.73) は次のようになる．

$$r = k_3 K_1 K_2 P_A P_B \propto P_A P_B \tag{4.75}$$

よって反応速度は，A と B の圧力の 1 次に比例することがわかる．

さらに，B のみが特に強く吸着する場合を考えよう．すなわち次のような条件である．

$$K_2 P_B \gg 1, \qquad K_1 P_A \ll 1, \qquad \frac{P_C}{K_4} \ll 1 \tag{4.76}$$

式 (4.73) は次のようになり，反応速度は $P_A$ に 1 次，$P_B$ に-1 次となる．

$$r = \frac{k_3 K_1}{K_2} \frac{P_A}{P_B} \tag{4.77}$$

圧力によって反応速度がどのように変化するかは，速度論において重要なポイントである．式 (4.73)，(4.75)，(4.77) に見るように，吸着の強さによって，反応速度の圧力依存性がいろいろに変化することが示された．これは固体触媒反応における反応速度論の特徴である．

**b. 吸着が律速のとき**　次に A の吸着が律速の場合を考えよう．全反応速度は A の吸着速度に等しいとして次式で表わされる．

$$r = k_1 P_A \theta_V - k_{-1} \theta_A \tag{4.78}$$

ほかの B の吸着，表面反応，脱離の素過程は平衡であるとするので，式 (4.62)，(4.64)，(4.66)，(4.67) を式 (4.58) に代入して次式が得られる．

$$\theta_V = \frac{1}{1 + K_2 P_B + (P_C/K_4) + (K_1 P_C/K P_B)} \tag{4.79}$$

式 (4.62)，(4.64)，(4.66)，(4.67) から

$$\theta_A = \frac{K_1}{K} \frac{P_C}{P_B} \theta_V \quad (4.80)$$

よって式 (4.78), (4.79), (4.80) より

$$r = \frac{k_1 P_A - (k_1/K)(P_C/P_B)}{1 + K_2 P_B + (P_C/K_4) + (K_1 P_C/KP_B)} \quad (4.81)$$

これが吸着律速のときの反応速度式である.

ここで, もし逆反応が無視できる ($k_{-1}\theta_A \fallingdotseq 0$) ならば,

$$r = \frac{k_1 P_A}{1 + K_2 P_B + (P_C/K_4) + (K_1 P_C/KP_B)} \quad (4.82)$$

これはCの圧力が小さい場合や, Cの吸着が弱い場合に相当する.

またBの吸着がきわめて強い場合, すなわち以下の条件のとき,

$$K_2 P_B \gg 1, \quad \frac{P_C}{K_4}, \quad \frac{K_1 P_C}{KP_B} \quad (4.83)$$

反応速度は次式に示すように $P_A$ に1次, $P_B$ に-1次となる.

$$r = \frac{k_1 P_A}{K_2 P_B} \quad (4.84)$$

以上, 表面反応律速および吸着律速の速度式を導いてきたが, 脱離が律速となる場合もある.

### 4.8.2 反応速度式の検証

表面反応と吸着が律速の場合の速度式を導出したが, 実際には, どの素過程が律速かを仮定する必要がある. そしてその仮定を確かめることによって, はじめて正しい速度式を導くことができる. しかしそれは容易なことではない. さまざまな仕方で妥当性を検証する必要がある. 正しい速度式を導くとは, メカニズムも正しいということと同じ意味である. ここでは速度式, またはメカニズムを検証するための方法のいくつかを述べよう.

一つは, 全反応速度の圧力依存性を調べることである. 圧力を変化させながら反応速度を測定し, 前述のように可能な律速過程を推定するのである. しかし, 律速過程が異なっていても圧力依存性が一致することがあるので注意を要する. すなわち式 (4.77), (4.84) に示すように, 表面反応律速でも吸着律速でも $P_A$ に1次, $P_B$ に-1次と, 同じ圧力依存性である.

より信頼性の高い方法は，素過程の速度定数や平衡定数をすべて別個に測定して，それを組み立て全反応速度との一致を調べるものである．問題は速度定数をどうやって知るかである．ここにおいて表面科学の重要性が明らかになる．主に金属表面に対してであるが，多くの素過程の速度定数がデータベースのごとく蓄積されている．

さらに，反応中間体を実験的に検出して，その温度や圧力による濃度変化を調べ，速度式から予想される結果と一致するかどうかを調べる方法がある．もし一致すればメカニズムの妥当性はかなり高い．例えば4.8.1項のaの表面反応律速の場合を振り返ろう．式 (4.60), (4.62), (4.66), (4.69) から $\theta_A, \theta_B, \theta_C$ は以下のように導かれる．

$$\theta_A = \frac{K_1 P_A}{1 + K_1 P_A + K_2 P_B + (P_C / K_4)} \tag{4.85}$$

$$\theta_B = \frac{K_2 P_B}{1 + K_1 P_A + K_2 P_B + (P_C / K_4)} \tag{4.86}$$

$$\theta_C = \frac{P_C}{K_4 + K_1 K_4 P_A + K_2 K_4 P_B + P_C} \tag{4.87}$$

被覆率の圧力依存性や温度依存性を測定し，これらの式と合うかどうかを調べる．

以上をまとめると，実験で全反応速度，中間体の濃度，素過程の速度（速度定数）を測定し，また一方で理論的にメカニズム，反応速度式，律速過程を仮定し，実験と理論の両者の間で一致を見ることによって，反応速度式が確固としたものになる．

最後にメカニズムを確定したり，律速過程や速度式を見い出すことの意義について触れておこう．繰り返しになるが，触媒活性とは反応速度を増大させることを意味する．その反応速度はメカニズムや律速過程によって決まる．したがって，律速過程の速度を大きくするなどの工夫をすることによって，触媒活性を向上させ得るのである．

## 4.8.3 律速過程の切り替わりと見かけの活性化エネルギー

速度式は一般に $r = kP^x \theta^y$ のように書けるが，温度による速度定数 $k$ の変化により，ある素過程の速度が別の素過程の速度を上回ったり，下回ったりすることがある．その結果，律速過程が切り替わることがある．例えば，吸着律速から表

面反応律速に切り替わることが起こり得る．また，律速過程が同じでも被覆率により速度式が変化することもよく知られている．

具体的に説明しよう．次式のようにAが吸着平衡にあり，AからBに変化するメカニズムを考えよう．律速はAからBへの反応とする．

$$A \underset{k_{-1}}{\overset{k_1}{\rightleftarrows}} A_a \overset{k_2}{\longrightarrow} B \tag{4.88}$$

全反応速度は次式で示される．

$$r = \frac{k_2 K P_A}{1 + K P_A} \tag{4.89}$$

ここで $K(=k_1/k_{-1})$ は吸着平衡定数である．

以下，Aの被覆率 $\theta_A$ の大きさによって，速度定数や見かけの活性化エネルギーが大きく変化することを示そう．

(1) $\theta_A$ が小さいとき

すなわち温度が高く $K$ が小さい場合や $P_A$ が小さいときときに相当する．式で書くならば以下のようになる．

$$KP_A \ll 1 \tag{4.90}$$

すると式 (4.89) は以下のように書ける．

$$r = k_2 K P_A \tag{4.91}$$

ここで見かけの速度定数 $k_a$ (apparent rate constant) は次式で表わされる．

$$k_a = k_2 K \propto \exp\left(-\frac{E_2}{RT}\right) \times \exp\left(-\frac{\Delta G}{RT}\right)$$
$$= \exp\left(\frac{\Delta S}{R}\right) \exp\left(-\frac{E_2 + \Delta H}{RT}\right) \tag{4.92}$$

したがって，見かけの活性化エネルギーは $E_2 + \Delta H$ となる．$\Delta H$ はAの吸着エネルギーに対応し負の値である．したがって，$\Delta H$ の絶対値が $E_2$ より大きい場合，見かけの活性化エネルギーは負の値となる．見かけの活性化エネルギーが負のとき，反応温度が高くなれば，反応速度は低下することになる．このような場合が実際に観測されるのである．

(2) $\theta_A$ が大きいとき

すなわち温度が低く $K$ が大きい場合や $P$ が大きいときに相当し，式で表わせば次式のようになる．

$$KP_A \gg 1 \tag{4.93}$$

したがって，式 (4.89) は次式のように書きかえられる．

$$r = k_2 \theta_{A.sat} \propto k_2$$

ここで，$\theta_{A.sat}$ は定数，またこの場合，見かけの活性化エネルギーは $E_2$ となる．

以上のように，$\theta_A$ が大きく変化すると見かけの活性化エネルギーが変化することが示された．しばしば出会う現象は，温度を高くしていくと，反応速度がある温度で増加から減少に転じるものである．これは見かけの活性化エネルギーが正から負に転じたことに対応し，原因の多くは被覆率の変化に求められる．

実際の例として，Pd(111) での CO の酸化

$$CO + \frac{1}{2} O_2 \longrightarrow CO_2$$

について紹介して，この項を終えよう．

圧力条件は $10^{-7} \sim 10^{-6}$ Torr である．全反応の速度式は，次のように被覆率により異なることが実験によって明らかとなった．

(1)　　$r = k \theta_{CO} \theta_O$　または　$r = \acute{k} P_{O_2}$　　　　（$\theta_{CO}$ と $\theta_O$ が小さいとき）
(2)　　$r = \acute{k} P_{CO}$　　　　　　　　　　　　　　　（$\theta_{CO}$ が小さく $\theta_O > 0.1$ ととき）
(3)　　$r = \acute{k} P_{O_2} / P_{CO}$　　　　　　　　　　　（$\theta_{CO}$ が大きいとき）

$$(4.95)$$

速度式が変われば，当然のことながら見かけの活性化エネルギーも変わってくる．以上のように，反応速度式の導出など反応速度の解析をする際には，いつも反応中の被覆率がどれくらいであるかを推定しておく必要がある．また，被覆率の変化によって全反応の速度式が変化することに注意しなければならない．

# 5
# 触媒反応機構

すでに第1章で述べたように,触媒反応には,触媒と反応物の相が異なる不均一系触媒反応と相が同じ均一系触媒反応がある.いずれの場合もそのなかにはさまざまな素過程が含まれており,その機構を明らかにすることは簡単ではない.しかし,なぜ触媒としての第3成分の存在が,反応を促進するのかのメカニズムを知ることは,化学反応の本質を理解するだけでなく,新しい触媒,つまり新しい反応過程を創造することになるので,きわめて重要なことである.

例えば,固体表面において反応物が生成物になる反応でも,まず反応物が表面に近づき特定の活性点に吸着し,反応中間体を形成するまでに,触媒細孔内の拡散,表面への衝突,吸着,表面移動など多くの過程を含む.これらの反応中間体が活性点上で生成物に変換される場合にもいくつかの素過程が含まれ,しかも,それらが併発して異なった生成物を与えることもある.さらに,生成物が活性点から脱離して触媒サイクルが完結するわけであるが,場合によっては強く表面に吸着し,反応阻害物となる生成物も出てくる.このような事情は,金属錯体を用いる均一系触媒反応でも同様であり,出発錯体とは異なる構造の錯体が,実際の触媒活性種として作用する場合も少なくない.

## 5.1 触媒反応における素反応の組立て

不均一および均一触媒反応の最も簡単な素過程(elementary step,または素反応 elementary reaction ともいう)の組立てを概念的に図5.1に示す.固体触媒の場合,最初の素過程は反応分子(X-Y)の固体表面への吸着であり,錯体触媒の場合には中心金属イオンへの配位である.これらの過程は一般に発熱反応であり,触媒の存在で反応の活性化エネルギーが著しく低下するのは,この吸着

5.1 触媒反応における素反応の組立て　　　　　　　　　　　　　77

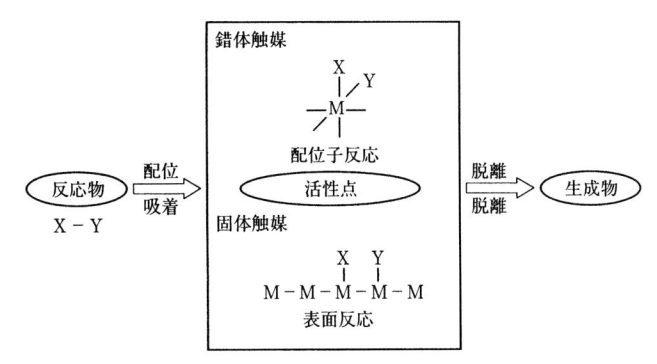

図 5.1　均一および不均一触媒反応の素過程の組立て概念図

熱ないし配位熱が大きいことによる場合が多い．次の素過程は吸着分子の表面反応，ないしは配位した分子同士の反応である．両者の過程において，それぞれ，反応物間の結合の組替えが起こり，生成物に近い状態に変化する．最後の素過程が生成物の表面原子や金属イオンからの脱離である．すべての過程終了ののち，触媒が完全に最初の状態に戻ることができれば，理想的な触媒サイクルが完結することになる．

### 5.1.1　火山型活性序列

　触媒反応の速度は，これらの素過程のうち，最も遅い過程（触媒反応の律速段階）に支配されるので，その速度式の表現は律速段階の速度式に関連して決まる（第4章参照）．このことに関連して，不均一系触媒反応における反応速度が反応分子の吸着力と直接関連して変化し，律速段階の切り替わる経験的なパターンとして「火山型活性序列」が知られている．例えば，特定の金属へのギ酸の吸着熱を横軸にして，その金属を触媒とするギ酸の分解反応の速度を縦軸にプロットすると，図 5.2(a) に示すような山形の活性序列を示すことが知られている．さらに，速度論的に検討すると，火山型曲線の左側では反応物の吸着が分解反応の律速段階であり，吸着熱が大きく安定な吸着種をつくる触媒ほど反応速度も速くなることがわかる[*1]．

---

[*1] 第4章の吸着熱と触媒活性の直線関係は，この斜面の左側に相当する．$r = P/(1+KP)$ としたとき，吸着の弱い ($KP \ll 1$) 場合には，$r = kKP$ と反応物の分圧に1次，吸着の強い ($KP \gg 1$) 場合には，$r = k$ と0次になることが示唆される．

一方,曲線の右側では,逆に安定した吸着種をつくる触媒ほど分解速度が遅くなり,表面吸着種の分解過程が律速となる.すなわち全体を通してみると,吸着力が弱すぎもせず,強すぎもしない,適度な吸着力の金属が最も高い活性を示すという一般則が成り立つ.

このような火山型活性序列は,金属酸化物上での酸化反応が酸化表面 M-O の反応物による還元で酸化生成物ができ,部分的に還元された還元表面 $M-O_{1-x}$ の酸素による酸化という触媒サイクルで進行するレドックス (redox) 機構の場合にもよく観測される.その様子を模式的に図5.2(b)に示すが,触媒の金属-酸素結合[*2]が弱いときには還元表面の酸化が律速となり,逆に強すぎるときには反応物による酸化表面の還元過程が律速となる.したがって,酸化物の反応性として適度なものが酸化反応の活性が高いという,ここでも火山型の活性序列が現われる.

### 5.1.2 構造敏感反応と構造鈍感反応

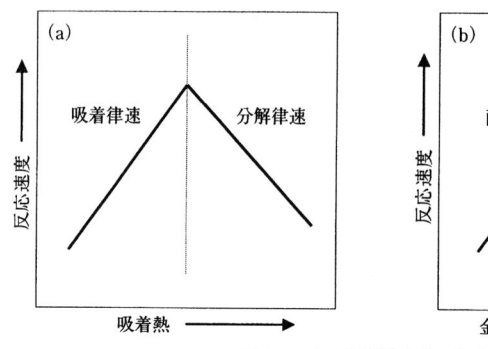

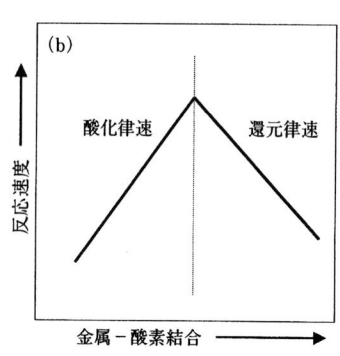

金属触媒として実際に用いられているものの多くは,8～10族(Ⅷ族)金属であるが,特に Pt, Rh, Pd, Ru などの貴金属は高価であり,資源的にも限りがある.そこで,これらの金属微粒子をシリカやアルミナ,チタニア,マグネシアなどの高表面積酸化物表面に分散担持したものが,実用触媒として用いられて

**図5.2 火山型活性序列の模式図**
(a) 金属触媒上での分解反応における吸着熱と反応速度の関係,(b) 酸化物触媒上での酸化反応における金属-酸素結合の強さと反応速度の関係.

---

[*2) 例えば,金属酸化物の標準生成熱の M-O 結合あたりの値で近似する.

**表 5.1** 金属上での種々の還元反応に対する金属の種類・触媒構造・合金化への触媒活性への依存性

| 反　　応 | 構　　造 | 金属の種類 | 合金化 |
|---|---|---|---|
| $H_2 + D_2 \longrightarrow 2HD$ | きわめて小 | 中 | 小 |
| $C_2H_4 + H_2 \longrightarrow C_2H_6$ | きわめて小 | 中 | 小 |
| Cyclo-$C_3H_6 + H_2 \longrightarrow C_3H_8$ | きわめて小 | 中 | 小 |
| $C_6H_6 + 3H_2 \longrightarrow C_6H_{12}$ | きわめて小 | 中 | 小 |
| $C_2H_6 + H_2 \longrightarrow 2CH_4$ | 小 | きわめて大 | 大 |
| $N_2 + 3H_2 \longrightarrow 2NH_3$ | 小 | 大 | ? |

いる．担持微粒子の形状は，金属の種類や粒子の大きさ，用いる担体によって大きく異なってくる．

不均一系触媒反応は一般に，触媒表面の形状によって活性・選択性が敏感に変化する構造敏感（structure sensitive）な反応と，変化しない構造鈍感（structure insensitive）な反応に分類できる．

表 5.1 には金属上での種々の触媒反応に対する触媒の構造，金属の種類，合金化による触媒活性への依存性をまとめてある．これによると水素の解離や水素化反応の速度の，触媒形状への依存性はあまり大きくなく構造鈍感反応に分類されるが，水素化分解など C–C 結合の切断を含む反応では，その効果はきわめて大きく構造敏感反応に分類される．この現象の本質的な意味を分子・原子レベルで理解するためにさまざまな角度から研究がなされ，金属表面上である反応が進行するために，活性点が持つべき構造や，その化学的性質が明らかにされつつある．その結果，特定の反応を進行させるための最適な表面構造を，固体上に自由に設計することが可能になるであろう．

### 5.1.3　均一系触媒反応の素過程

遷移金属錯体を用いる均一系触媒反応の素過程を，表 5.2 にまとめて示す．触媒サイクルの最初の過程は，配位子の解離と配位反応である．触媒前駆体は一般に配位飽和な場合が多く，反応物が配位するために，一部の配位子を解離させ配位不飽和な触媒活性種を形成する必要がある．この過程は一般に速く，平衡過程であることが多い．

次の酸化的付加と還元的脱離では，反応物のある結合 X–Y が切断されて中心

**表 5.2　遷移金属錯体による均一系触媒反応の素過程**

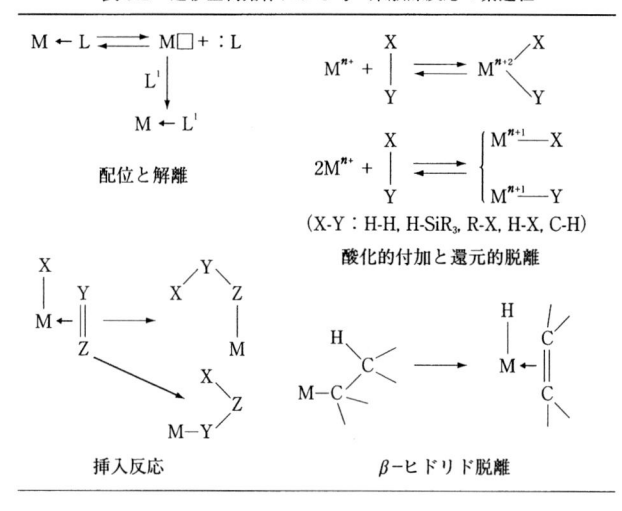

$M \leftarrow L \rightleftarrows M\square + :L$
$L^1 \downarrow$
$M \leftarrow L^1$

配位と解離

$M^{n+} + \begin{matrix}X\\|\\Y\end{matrix} \rightleftarrows M^{n+2} \begin{matrix}X\\\\Y\end{matrix}$

$2M^{n+} + \begin{matrix}X\\|\\Y\end{matrix} \rightleftarrows \begin{cases} M^{n+1}—X \\ M^{n+1}—Y \end{cases}$

(X-Y：H-H, H-SiR$_3$, R-X, H-X, C-H)

酸化的付加と還元的脱離

挿入反応

β-ヒドリド脱離

金属イオンに付加する過程であり，金属の酸化数が+1ないし+2増加する．X-Y としては H-H, R-X, H-X, C-H などの結合がある．逆に還元的脱離反応は，配位子同士が結合を形成しながら金属から脱離する過程であり，このとき金属の酸化数は減少する．前者は反応物の活性化過程として重要であり，後者は生成物の脱離過程となる．挿入反応は金属-配位子（炭素あるいは水素など）結合にオレフィン，アセチレン，CO，$CO_2$ などが挿入して新たな結合が形成される過程であり，オレフィンの水素化，重合，カルボニル化反応などの重要な素過程である．逆にアルキル錯体の金属から数えて2番目（β位）の炭素上の水素が，金属に移動してオレフィンとヒドリドを形成する過程をβ-水素脱離反応と呼ぶ．金属錯体上の触媒反応は，これらの素過程の組合せで理解できることが多い．

## 5.2　反応機構決定法

複雑な触媒反応の機構を解明するアプローチの方法には，いろいろな工夫がなされているが，その主なものには，①速度論的アプローチ，②反応中間体の分光学的測定による決定，③同位体標識法によるアプローチなどがある．多くの場合，これらの手法をいくつか組み合せることで，反応物が時間とともにどのような経過をたどって生成物になっていくかの，ブラックボックスである触媒機構がより正確に明らかにされる．①では，まず種々の反応条件下で反応速度を測

定し，反応物の圧力または濃度を変化させた実験から反応次数を求め，反応温度を変えた実験から活性化エネルギーを求めるなどの速度論的検討がなされる．

このようにして得られた実験的反応速度式が，律速過程の速度式を反映することから，反応機構をある程度推定することも可能である．さらに反応機構の詳細を知るためには，触媒反応全体を構成している素反応に分解し，②および③の手法を用いて，その反応中間体をトレーサー法，そのほかの分光学的手法を駆使して，決定することが必要となる．しかし，反応中に触媒系内で観測される化学種すべてが，必ずしも反応中間体であるとは限らない．むしろ反応中間体は反応進行中にのみ存在する経路上の中間生成物であるために，多くの場合不安定であり，分光学的に測定されるにはその寿命は短く，濃度はきわめて少ないのが普通である．

そこで，反応中安定に観測される化合物は反応経路とは関係ない副生物であることも多い．この区別をするためには，例えば反応中に存在する表面吸着種に同位体で印を付け，それが定常反応速度と同一の速度で，生成物中に取り込まれてくることを確かめなければならない．これを同位体標識法という．うまく用いると，反応進行中の特定化合物の挙動や生成物中への取り込みのパターンから，適切な推論が可能となる．また，反応の場である触媒活性点構造の解明も重要であり，これにも種々の分光学的手法が威力を発揮する．

すでに述べたように，触媒反応はいくつかの複雑な素過程の組合せからなっている．したがって，反応機構を完全に決定するためには，その反応を構成する各素過程が明らかとなり，反応中間体が同定され，全反応速度を支配する律速段階が解明される必要がある．そのために，以下に述べるようないくつかの実験手法を併用することにより，総合的に反応機構を決定することが行われる．

### 5.2.1 速度論的アプローチ

ある触媒の性能を確かめるためには，まず反応速度を測定し解析を行わなければならない．すでに述べたように，一般に不均一系触媒反応の反応速度式は複雑であり，実験的に求められる反応次数[*3]も必ずしも正の整数ではない．その理由は，固体表面での触媒反応が吸着過程を含め，多くの素反応の組合せから成り立

---

[*3) 通常，化学反応方程式に現われる各化学種（成分）の次数の和が反応の次数である．

っており，観測される反応速度（総括反応速度，rate of over-all reaction）は，律速段階の速度で決定され，しかも，律速段階は素過程であるので，その速度は関与する反応中間体の濃度に比例するからである．またときには，その律速段階も複数の素過程にまたがっている場合も多い（第4章参照）．

### 5.2.2 反応中の吸着量測定・反応中間体の同定

2種類以上の反応物が触媒反応を行う場合，触媒表面に存在する吸着種の割合は，各反応物を単独で吸着させたときとは非常に異なっている場合が多い．したがって，反応機構を議論するためには，反応中の吸着量を測定しなければならない．これは最初，多量の触媒を使用して反応を行い，反応開始時に気相に導入した化学種の物質量から，反応中に反応物および生成物として，気相に存在する化学種の物質量を差し引くことにより求められた．例えば，鉄触媒上での$H_2$と$N_2$によるアンモニア合成反応では，反応中気相に存在するHとNの総量の変化からその比率をH/N = 2と求めたことにより，Fe表面は$NH_2(a)$吸着種でおおわれていることが明らかにされた．その後，種々の表面分光法の発展に伴い，この考え方は反応中の表面吸着種を赤外分光法などで観測し，その動的挙動を調べる手法へと引き継がれた．分光学的測定は感度がよいので多量の触媒を必要とせず，表面化学種を確実に同定でき，その時間変化を追うことが可能である．この方法の適用により，アルミナや酸化亜鉛上でのギ酸の分解反応や，水性ガスシフト反応など，いくつかの重要な触媒反応の機構が解明された．

### 5.2.3 過渡応答法および同位体追跡法

過渡応答法とは，流通系において反応が定常状態にあるとき，反応物あるいは生成物の濃度や流速を急激に変化させ，新たな定常状態に達する過程を追跡する方法である．この方法により，各素反応の速度定数や反応中の吸着量・吸着状態に関する知見を得ることができる．

この際に，反応物や生成物の同位体標識化合物を共存させて，その同位体分率を急激に変化させることにより，反応条件を乱さずに定常的反応進行下や，平衡に近い条件下における各素過程の速度定数や，反応中の吸着量に関する知見を得ることも可能である．また通常の反応，例えばオレフィンの水素化反応において，$H_2$の代わりに$D_2$を用い，重水素化物の組成や分布を追跡することにより，ほか

の方法では得がたい反応機構に関する情報を得ることができる．実例は5.3.2項で詳述するが，例えば，COの水素化反応において，C-O結合が切れて生成物になるのかどうかを調べるために，$^{13}C^{16}O$ と $^{12}C^{18}O$ の混合ガスを用いることもよく行われる．

### 5.2.4 モデル触媒での検討

担持金属触媒を用いている限り，その金属粒子径はある分布を持ったものになり，特定の結晶面の持つ反応性を議論することは不可能である．そこで表面構造や組成のよく規定された（well-defined）金属単結晶を用い，担持金属触媒のモデルとなるような，種々の結晶面での反応性の違いを常圧付近で検討した研究が数多くなされている．ここでは単結晶表面のステップやキンクに着目し，表面欠陥構造が触媒作用にとってきわめて重要であることを証明した一例を述べる．

検討されたモデル表面の一例を図5.3に示す．(a)はテラスのみを持つPt(111)面であるが，(b)は(111)面に対し，数度だけ角度をつけて結晶面を切り出すと調製でき，(111)のテラス面とそれとは直角な(001)面のステップを持つ構造となる．切り出す角度を選ぶことにより，任意のステップ濃度を持たせることができる．切り出す方向をさらに傾けると，テラスやステップのほかに任意のキンク濃度を持つ(c)のようなモデル表面を調製できる．

このような表面でのアンモニア合成，COやNOの酸化や還元反応などさまざまな反応が検討され，表面欠陥構造と触媒反応の相関性が明らかにされた．その結果，ステップ面はC-H，N-H，C-O結合の切断にテラス面よりも高い活性を示す．また，H-H結合の切断やC-N，O-H結合の切断にも高い活性を示すことが報告されている．また，キンクサイトはC-C結合の切断に重要であるとともに，酸素や窒素と結合することにより，周辺のステップサイトの活性を上げたり下げたりする効果を及ぼすことが明らかになっている．

Ni触媒上でのエタンの水素化分解で，メタンの生成する反応も構造敏感な反応であり，$Ni/SiO_2$ 触媒では金属粒子径大きくなるに従い，比活性の下がることが知られている．モデル触媒として，FCC構造のNiの(111)面と(100)面でのメタンの生成速度を $Ni/SiO_2$ と比較検討した結果を図5.4に示す．Ni(111)面の活性は，Ni(100)面よりひと桁小さく粒子径の大きな場合に $Ni/SiO_2$ のそれに近い．事実Ni金属では，粒子径が大きくなると(111)面が主に表面に出

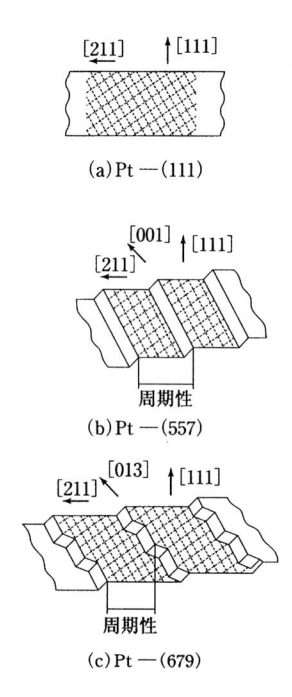

**図 5.3** 種々の Pt 単結晶表面の模式図 (D. R. Kahn *et al.*, *J. Catal.*, **34**, 294, 1974)
(a) Pt(111)面(欠陥は $10^{12}$ 個・cm$^{-3}$ 以下), (b) Pt(557)面(ステップ濃度：$2.5\times10^{14}$ 原子・cm$^{-3}$),
(c) Pt(679)面(ステップ濃度：$2.3\times10^{14}$ 原子・cm$^{-3}$；キンク濃度：$7\times10^{14}$ 原子・cm$^{-3}$).

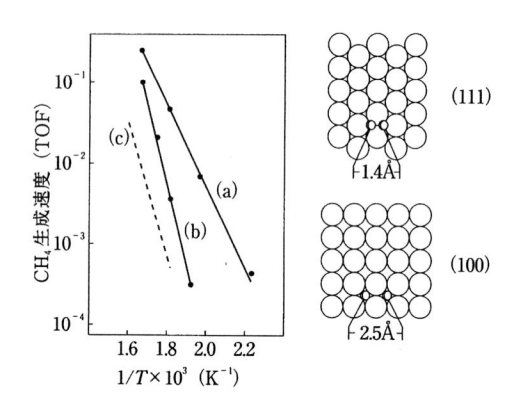

**図 5.4** 種々の Ni 触媒上でのエタンの水素化分解によるメタンの生成速度
(a) Ni(100)面, (b) Ni(111)面, (c) Ni/SiO$_2$. H$_2$/C$_2$H$_6$=100, 全圧 100 Torr.

るということが知られており,よい対応を示しているといえる.面による活性の違いに対しては以下のような説明が可能である.表面密度の大きなNi(111)面でのthree-fold hollow(3個の表面金属原子がつくる三角形の中央にできる穴)間の距離は1.4 Åであり,エチレンのC-C結合(1.3〜1.4 Å)とほぼ同じことから,エチレンはC-C結合を残したまま吸着するが,表面密度の疎なNi(100)のfour fold hollow間の距離は2.5 Åもあり,エチレンはそのC-C結合を保持したまま吸着できず分解が進行する.これも活性点の構造と反応物の構造との関係を示す例として興味深い.

## 5.3 触媒反応機構の実例

### 5.3.1 アンモニア合成

窒素分子と水素分子からのアンモニア合成は,不均一系触媒反応のなかでも最も早く20世紀の初頭から,その反応機構が研究されたものの一つであり,膨大な数の報告がなされている.ハーバー-ボッシュ(Harber-Bosch)法と呼ばれるこの方法では,窒素と水素の混合物を400〜600℃,200〜1,000 atmで四酸化三鉄$Fe_3O_4$を主成分とする触媒を用いて直接化合させ,アンモニアをつくる.この触媒は正確にはミタッシュ(Mittasch)によって発見されたものであるが,数%の$Al_2O_3$と$K_2O$を含み活性の向上に寄与することから,二重促進鉄触媒と呼ばれている.これは第2章で述べたように,20世紀における触媒化学上の最大の発見といってもよく,現在でもほぼそのままの形で工業的に用いられていることは興味深い.

現在では,種々の分析法を用いた詳細な検討から,反応の初期段階において$Fe_3O_4$の還元が起こり,実際にアンモニア合成に効いているのはFe金属であることが明らかにされた.このように,触媒の状態は最初に導入した状態と,定常的に反応中の実際に機能している触媒では,その化合物や表面状態がまったく異なることも少なくない.したがって,触媒の機能や反応機構を解明するには,反応中の真の触媒活性種とその構造を明らかにすることが必要である.

Fe金属上でのアンモニア合成は,図5.5に示すような反応スキームで進行する.律速段階は,最初の窒素分子の解離過程とされ,窒素と水素が解離吸着すると出発時の反応系よりもエネルギー的に安定な状態となる.さらに吸着窒素N(a)と吸着水素H(a)の表面反応により,NH(a),$NH_2$(a)などの反応中間体を

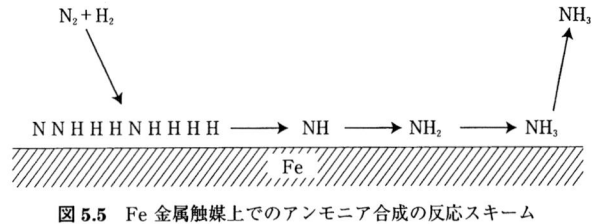

```
        N₂ + H₂                                    NH₃
           ↓                                        ↑
    N N H H H N H H H H  →  NH  →  NH₂  →  NH₃
    ////////////////////////// Fe //////////////////////////
```

**図 5.5** Fe 金属触媒上でのアンモニア合成の反応スキーム

逐次形成し,最終的に $NH_3(a)$ を経て $NH_3$ が生成する.

Fe 金属の単結晶上表面でのアンモニア合成反応は,触媒の結晶面により著しく活性が変化する構造敏感な反応である.実用触媒のモデルとして単結晶表面での $H_2$-$N_2$ 反応を比較した結果,その活性は,Fe(111):Fe(100):Fe(110) = 400:32:1 と大きく変化した.すなわち,表面原子密度が最も粗である Fe(111) 面での活性が高く,表面原子密度が密になるに従い活性が著しく低下する.その理由としては,Fe(111) 面では窒素の解離吸着が最も容易であるためと考えられている.

アンモニア合成用の二重促進鉄触媒では,主成分である鉄に促進剤として添加されているアルミナは Fe 金属粒子を安定化させ,シンタリングを防ぐ役割を担うことから構造促進剤と呼ばれてきた.この効果を調べるため,単結晶の種々の表面を,アルミニウム ($Al_xO_y$) 薄膜で修飾したモデル触媒で検討した結果を図 5.6 に示す.その結果,未修飾清浄表面での活性は,前述のとおり Fe(111) > Fe(100) > Fe(110) となったが,2 原子層のアルミナ薄膜を修飾して高温で水蒸気処理をすると,活性の低かった Fe(100) 面や (110) 面が (111) 面とほぼ同様な活性を持つようになる.このときの表面構造の観察から,水蒸気処理によって (100) 面や (110) 面の表面構造が変化し (111) 面に類似の表面となり,アンモニア合成に高活性となるものと考えられている.また,Fe(100) 面にアルミニウムを添加したのちにカリウムを加えると,$KAlO_2$ 類似の表面化合物を与え,やはり (111) 面に匹敵する高活性を示す.このように最初にミタッシュが発見したときには,その役割は不明のままに助触媒として添加された $Al_2O_3$ や $K_2O$ は,準安定な面である高活性 Fe(111) 面が,安定で低活性な結晶面である (100) 面や,(110) 面になるのを防いでいることが明らかとなった.

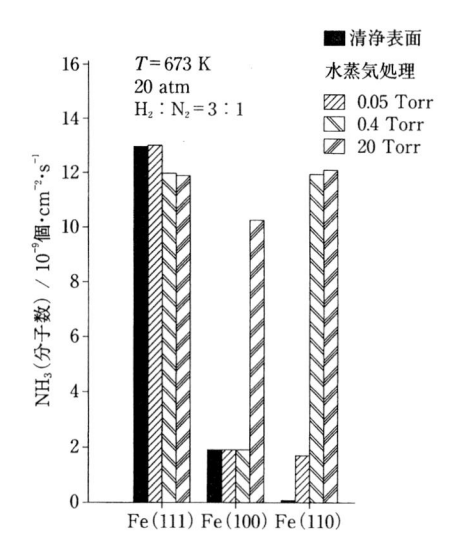

**図 5.6** Fe 単結晶清浄表面および Al$_2$O$_3$/Fe 修飾表面でのアンモニア合成反応に対する水蒸気処理の効果

**表 5.3** CO の水素化反応における生成物と主な触媒

| 反応物 | 生成物 | 触媒 |
|---|---|---|
| CO-H$_2$ | CH$_4$ | Ni |
| | C$_n$H$_{2n}$, C$_n$H$_{2n+2}$ | Fe, Co, Ru |
| | CH$_3$CHO, C$_2$H$_5$OH | Rh |
| | C$_{n-1}$H$_{2n-1}$CHO, C$_n$H$_{2n+1}$OH | Fe, Co |
| | HOCH$_2$CHO, HOCH$_2$CH$_2$OH | Rh |
| | CH$_3$OH | Pd |

### 5.3.2 一酸化炭素の水素化反応

CO の水素化反応は，アンモニア合成反応に劣らず古くから研究されてきた反応である．また，最近石油代替エネルギー資源の開発の観点から，C-1 化学の重要な触媒プロセスとして，活性，選択性，寿命などの高い高性能触媒の開発が望まれている．一方，CO と H$_2$ という簡単な分子同士から，固体表面の複合サイトにより，さまざまな結合の組み替えを経て，複雑な有機分子まで合成される興味深い反応といえる．この反応で合成される生成物と，代表的な触媒を表 5.3（と図 2.2）にあげた．活性だけでなく，どの反応が推進されるかの選択性は，

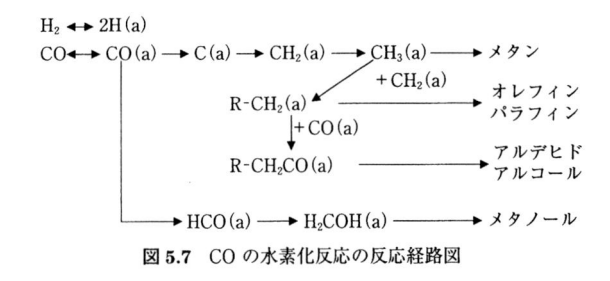

```
H₂ ⇌ 2H(a)
CO ⇌ CO(a) → C(a) → CH₂(a) → CH₃(a) → メタン
                            ↓ +CH₂(a)
                   R-CH₂(a) ←              → オレフィン
                         ↓ +CO(a)            パラフィン
                   R-CH₂CO(a)              → アルデヒド
                                              アルコール
       └→ HCO(a) → H₂COH(a) → メタノール
```

**図 5.7** CO の水素化反応の反応経路図

触媒に用いる金属の種類，その粒子径，適用された担体や助触媒，添加物，反応条件などにより著しく異なってくる．

図 5.7 には，現在まで考えられている CO の水素化反応の反応経路を図示する．金属触媒では反応中触媒表面の大部分は吸着 CO でおおわれており，ごく一部のところで水素の解離吸着が起こる．図からわかるように，この反応の選択性はC-O 結合の解離を経るかどうかで大別できる．8，9，10 族属金属上の吸着 COは，周期表の左下側にいくほど C-O 結合は弱まっており，室温において CO の解離が認められる．一方，メタン化反応の TOF は Ru＞Ni＞Co＞Rh＞Pd＞Pt＞Ir の順になっており，解離型吸着と非解離型吸着の中間にある金属で最も活性の高いことがわかる．

メタンや炭化水素が CO の解離を経て生成することは，次のような同位体を用いた実験で明らかにされている．Ni 箔上で CO-H₂ 反応を行うと，まず気相に生成するのは $CO_2$ であり，メタン生成に誘導期が見られることから，反応は次のように進んでいるものと考えられる．

$$CO(a) \longrightarrow C(a) + O(a) \tag{5.1}$$

$$O(a) + CO(a) \longrightarrow CO_2 \tag{5.2}$$

$$C(a) + 4H(a) \longrightarrow CH_4 \tag{5.3}$$

さらに Ni 箔上に CO のみを導入すると，式 (5.1)，(5.2) の反応で $CO_2$ が生成し表面に解離吸着炭素 C(a) を残す．これを $^{13}CO$ で行い，$^{13}C(a)$ を表面に蓄積させたのち $^{12}CO + H_2$ 反応を行った結果を図 5.8 に示す．この際には誘導期なくメタンが生成するが，その同位体組成は初期には圧倒的に $^{13}CH_4$ であり，分子状 $^{12}CO$ よりも速く解離炭素 $^{13}C(a)$ を経て反応の進行することが示唆される．

さらに図 5.7 に示されているように，解離炭素の水素化でメタン，$CH_2(a)$ を連鎖単位（chain carrier）とする連鎖成長反応で，高級炭化水素の生成が考えら

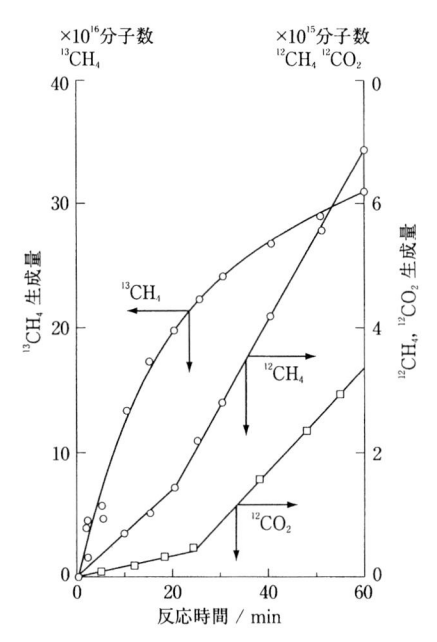

**図 5.8** $^{13}$C(a)を蓄積させた Ni 箔上での $^{12}$CO-H$_2$ 反応
(M. Araki *et al., J.Catal.*, 44, 439 1976)
250℃, H$_2$/CO = 5, 0.58 Torr.

れているが,炭化水素の生成物分布は一般的な重合反応でよく知られているシュルツ-フローリー (Schulz-Flory) 式で整理されることも,この機構を支持している.すなわち今,連鎖成長速度 $r_p$ および停止反応速度 $r_t$ が炭素数に依存しないとすると,連鎖成長確率 $\alpha = r_p/(r_p + r_t)$ は一定となる.このとき $n$ 個の炭素鎖を持つ生成炭化水素のモル分率 $m_n$ と炭素数 $n$ の間には,$m_n = (\ln \alpha) n \alpha^n$ なる関係が成り立つ.したがって,図 5.9 に示すように $\ln(m_n/n)$ と $n$ の間には,直線関係が成立する.

　一方,CO の水素化でメタノールの生成する反応は,図 5.7 に示すとおり非解離の CO の逐次水素化により進行し,触媒表面における CO と水素の濃度と,その電子状態が重要と考えられている.特に吸着 CO の阻害効果の少ない担体との界面近傍の正電荷を帯びた金属サイトがこの反応には有効であり,積極的に添加物を加えることにより,そのような活性点を設計することも行われている.

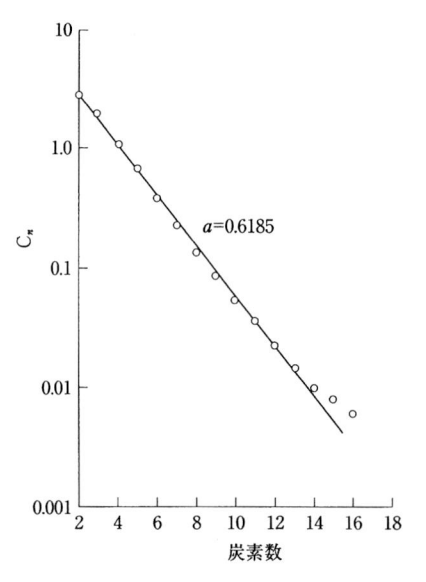

図 5.9 Fe 触媒上でのシュルツ-フローリープロット

### 5.3.3 炭化水素の脱水素・水素化分解・異性化反応

　固体表面上での炭化水素の関与する反応としては，水素化・脱水素・異性化・分解・環化や酸化反応など多岐にわたっている．特に石油の改質 (reforming) 反応は，水素化精製後の重質ガソリン留分から高オクタン価ガソリンを得る触媒プロセスとして重要であり，アルミナ担持の Pt 触媒が用いられている．この際，炭化水素の異性化反応や脱水素環化反応は，Pt 金属の粒子径により活性や選択性の著しく変化する構造敏感な反応であるのに対し，水素添加反応は，Pt 粒子径に依存しない構造鈍感な反応であることが知られていた．

　これに関連して，担持金属触媒のモデルとしてテラスのみを持つ Pt(111) 面と種々の濃度のステップやキンクを持つ面でのシクロヘキセンの脱水素反応と，水素化分解反応の速度が比較された．これらの反応はいずれもその進行に伴い活性の低下が見られるが，初速度だけで比較すると，図 5.10 のような結果が得られている．すなわち，シクロヘキサンと水素の混合ガスを，種々のステップやキンク濃度を持つ Pt 単結晶に触れさせると，脱水素反応でベンゼン，水素化分解反応で $n$-ヘキサンが生成する．水素化分解の速度はステップ濃度やキンク濃度に比例し，C-C 結合の切断にこれらの面が重要であることがわかる．一方，脱

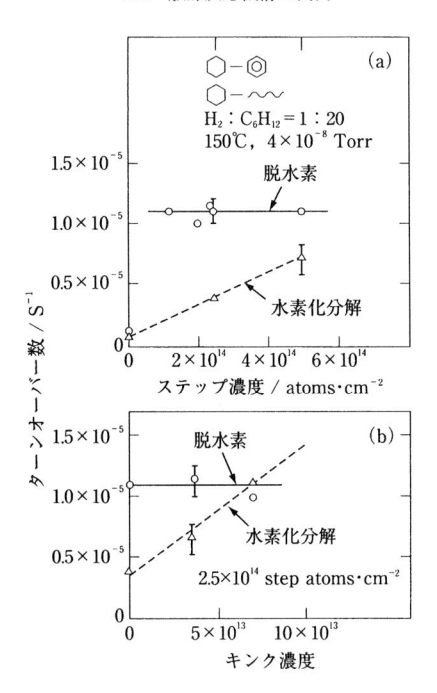

**図 5.10** シクロヘキサンの脱水素によるベンゼンの生成と水素化分解による
$n$-ヘキサンの生成反応のステップおよびキンク濃度依存性
(a) ステップ濃度依存性, (b) キンク濃度依存性. ステップ濃度は $2.0\times10^{14}\mathrm{cm}^{-3}$
で一定.

水素反応は見かけ上,ステップやキンクの濃度に依存しないように見えるが,テラス上ではこの反応は非常に遅い(図5.10(a)のゼロの点)ことから,C-H結合を切るためにはやはりステップが重要であることがわかる.この場合ステップやキンクの濃度が速度に効いてこないのは律速段階が,これらの関与する過程ではないためと理解されている.

一方,すでに述べた炭化水素の接触改質や,接触分解反応でよく用いられている $Pt/Al_2O_3$ におけるアルミナの酸触媒としての二元機能の役割も重要である.これらの反応では,水素化・脱水素過程は Pt 金属上で進行するのに対し,骨格異性化はアルミナの酸点上で進行するものと考えられている.図5.11にはゼオライトとシリカ-アルミナ上での $C_8$~$C_{16}$ の直鎖状炭化水素の分解反応で得られる生成物の炭素数による分布を示す.反応の様子を式 (5.4)~(5.6) に示すが,固体酸上での炭化水素のアルキル陽イオン(カルベニウムイオン)中間体を経由

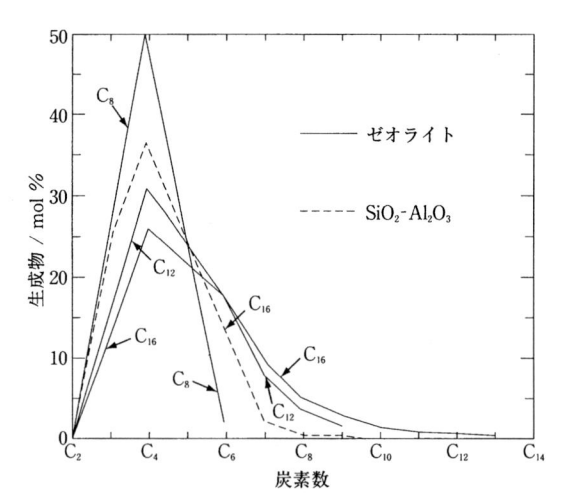

**図 5.11** 固体酸触媒上での直鎖状炭化水素の分解反応の生成物分布

する炭素-炭素結合の切断が主であり，これに炭素骨格の異性化と水素移行反応が組み合わさって起こる．

$$CH_3 CH_2 CH_2 CH_2 CH^+CH_2- \longrightarrow CH_3 CH_2 CH_2^+ + CH_2=CHCH_2- \quad (5.4)$$

$$CH_3 CH_2 CH_2^+ \longrightarrow CH_3 C^+HCH_3 \quad (5.5)$$

$$CH_3 C^+HCH_3 + -CH_2CH_2CH_2CH_2CH_2- \longrightarrow$$
$$CH_3CH_2CH_3 + -CH_2C^+HCH_2CH_2CH_2- \quad (5.6)$$

アルキル陽イオンの炭素-炭素結合の切断は，正電荷のある炭素に対し $\beta$ 位で起こることから $\beta$ 開裂と呼ばれる（式(5.4)）．これにより生成する新たなアルキリ陽イオンは第 1 級であるが，ただちにヒドリド移行により安定は第 2 級，第 3 級陽イオンに異性化する（式(5.5)）．この陽イオンと原料アルカンとの間に分子間ヒドリド移行が起これば，新たに炭素数の多いアルキル陽イオンが生成し，この繰返しで分解が進行する．

### 5.3.4 メタンの転換反応

近年，石油の代替炭素資源開発の観点から，メタンを活性化して高級炭化水素，芳香族などのより有用な化合物へ転換する触媒反応が注目を集めている．メタンは天然ガスの主成分であり，炭素資源のうちでは豊富に存在するものの一つであり，さらに最近注目されているメタンハイドレートの開発が本格化すれば，その

埋蔵量は飛躍的に増大することが期待される．しかし，目的化合物に比べて反応性に乏しいという欠点があり，固体触媒を用いてメタンを活性化するには一般に500 ℃以上の高温を必要とするため，目的化合物への選択性も悪くなってしまう．

　固体触媒によるメタン活性化の第一段階はC-H結合の解離であるが，遷移金属表面でのメタン分解反応の活性化エネルギー自体は，$25 \sim 65$ kJ·mol$^{-1}$にすぎない．これは例えば，COの解離吸着の活性化エネルギー（数百 kJ·mol$^{-1}$）に比べるとかなり小さいにもかかわらず，メタンの活性化に高温が必要なのは吸着の付着確率が著しく小さいためである．メタンの解離吸着の機構はよくわかってはいないが，重メタンの吸着との比較から，律速段階としてプロトンの量子論的トンネル過程が考えられている．また，分子線を用いた実験から表面温度は付着確率にさほど依存しないが，並進エネルギーのうち表面への垂直成分の大きさが，解離吸着確率に大きく影響することが知られており，したがってメタンの活性化には，反応における全圧の大きさが重要なことが予想される．一方，金属粒子径とメタンの分解活性の関係も検討されているが，PtやNi金属では粒子径が小さいほど分解活性の高いことが報告されている．

　メタンをほかの有用な化合物に変換するためには，$H_2O$，$CO_2$，$O_2$，$N_2O$などさまざまな酸化剤が用いられているが，不均一触媒によるメタンの改質反応は次の三つに大別できる．

(1) メタンの水蒸気や炭酸ガス改質，酸素の部分酸化による合成ガス（CO-$H_2$）の合成．

(2) メタンの酸化的カップリング反応によるエタンやエチレンの合成，メタンの直接部分酸化によるメタノールやホルムアルデヒドの合成．

(3) 還元雰囲気下でのメタンのオリゴメリゼーションによる高級炭化水素や，芳香族化合物の合成．

図5.12には，以上の改質反応の主な反応経路と触媒についてまとめて示す．すでに述べたように，どの反応もメタンのC-H結合活性化のために$900 \sim 1{,}000$ Kの反応温度を必要とする．しかし，反応の選択性を向上させ触媒劣化を防ぐためには，できるだけ低温での反応が望ましいことはいうまでもない．

## 5.3.5 オレフィンの接触酸化反応

　オレフィンの接触酸化反応は，空気中の酸素を酸化剤としてアルデヒド，ケト

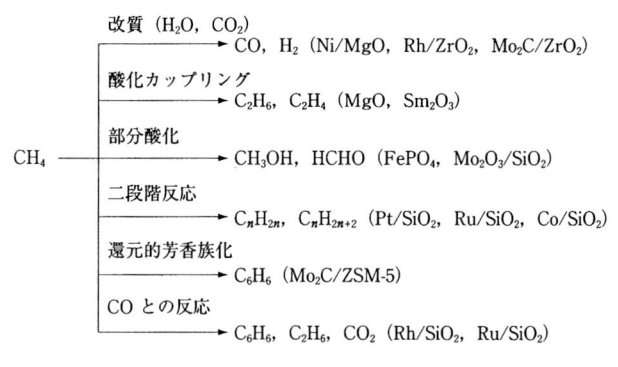

$$CH_4 \begin{cases} \text{改質 } (H_2O, CO_2) \\ \quad \longrightarrow CO, H_2 \text{ (Ni/MgO, Rh/ZrO}_2\text{, Mo}_2\text{C/ZrO}_2) \\ \text{酸化カップリング} \\ \quad \longrightarrow C_2H_6, C_2H_4 \text{ (MgO, Sm}_2\text{O}_3) \\ \text{部分酸化} \\ \quad \longrightarrow CH_3OH, HCHO \text{ (FePO}_4\text{, Mo}_2\text{O}_3\text{/SiO}_2) \\ \text{二段階反応} \\ \quad \longrightarrow C_nH_{2n}, C_nH_{2n+2} \text{ (Pt/SiO}_2\text{, Ru/SiO}_2\text{, Co/SiO}_2) \\ \text{還元的芳香族化} \\ \quad \longrightarrow C_6H_6 \text{ (Mo}_2\text{C/ZSM-5)} \\ \text{CO との反応} \\ \quad \longrightarrow C_6H_6, C_2H_6, CO_2 \text{ (Rh/SiO}_2\text{, Ru/SiO}_2) \end{cases}$$

**図 5.12** メタン転化反応の主な反応経路と触媒

ン,エポキシド,酸,エステルなどの含酸素化合物を合成する石油化学工業において,最も重要なプロセスの一つである.

プロピレンを部分酸化すると,メチル基が酸化されてアクロレインが得られるが,この反応をアンモニア共存下で行うと,メチル基がシアノ基に代わりアクリロニトリルが得られる.

$$CH_2=CHCH_3+O_2 \longrightarrow CH_2=CHCHO+H_2O \quad (\text{アリル酸化})$$

$$CH_2=CHCH_3+NH_3+\frac{3}{2}O_2 \longrightarrow CH_2=CHCN+3H_2O \quad (\text{アンモ酸化})$$

これらのプロセスは Standard Oil of Ohio (SOHIO) 社が,$Bi_2O_3$ と $MoO_3$ の複合酸化物触媒を開発したことから SOHIO 法とも呼ばれる.図 5.13 にこれらの反応の機構を示すが,両反応とも共通のπ-アリル中間体を経て進行するものと考えられている.まずプロピレンのアリル位水素が表面の Bi 側の酸素イオン (Bi=O) によって引き抜かれ,π-アリル中間体が $Mo^{6+}$ イオン上に生成する.この過程が全反応の律速段階と考えられている.次にこのアリル中間体に $Mo^{6+}$=O の酸素が付加して σ-O アリル中間体となり,最後に水素原子が引き抜かれてアクロレインが生成する.アンモ酸化ではアンモニアの存在で生成した $Mo^{6+}$=NH が π-アリル中間体に付加することにより,アクリロニトリルが得られる.

図 5.13 の π-アリル中間体が存在するか否かは,炭素-13 の同位体を用いた同位体追跡法で確認できる.例えばプロピレンのメチル基を $^{13}C$ で標識したものを酸化すると,生成するアクロレインの炭素は,メチル基とアルデヒド基が 50% ずつ標識され,$C_3$ 中間体は両端の炭素は,酸素の攻撃に対し等価である π-アリル

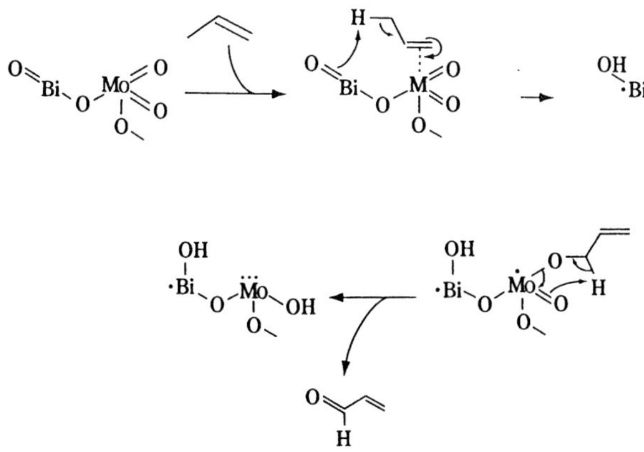

**図 5.13** プロピレンのアリル酸化およびアンモ酸化の反応機構

型であることがわかる.

### 5.3.6 均一系触媒反応の機構

蒸気圧の低い,したがって分子量の大きな有機分子の合成は,溶媒を用いた液相均一系や液-固不均一系で行われることが多い.その触媒の多くは,分子触媒である金属錯体やプロトン,金属イオンなどである.そのなかでも有機合成に重要ないくつかの反応機構について述べる.

**a. 不斉水素化反応**　均一系触媒として一般に用いられる有機金属錯体では,中心金属のまわりの配位子を変えることにより,その反応性のみならず立体選択性を制御できるという大きな特徴がある.その代表例が不斉水素化反応である.光学活性なホスフィン配位子 $PR_3^*$ により中心金属のまわりに不斉環境を持つカチオン性ロジウム錯体 $[Rh(PR_3^*)_2(diene)]^+$ を触媒とすると,プロキラルなオレフィンの裏と表を区別することができ,対掌体の一方のみを選択的に合成することができる.

その配位様式を図 5.14 に模式的に示す.オレフィン自身にはキラリティはないが,金属側に不斉な場ができることにより,(a)のようにフェニル基が手前にくる配位と,(b)のように向こう側にフェニル基を向ける配位のどちらかが優勢になり選択性が出現する.このような不斉水素化のなかで工業化されているものにアミノ酸の一つであり,パーキンソン病の特効薬として有名な L-dopa

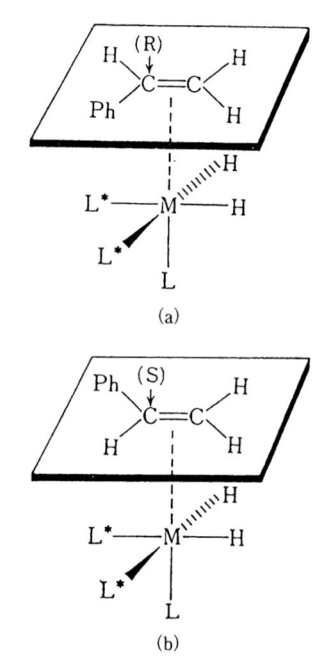

**図 5.14** 不斉配位子 (L*) を有する金属ヒドリド錯体への
オレフィンの配位形式と不斉水素化反応

(L-dihydroxyphenylalanine) の合成がある．

**b. ヒドロホルミル化反応**　オレフィンと CO と水素の反応で，炭素鎖の一つ長いアルデヒドを与える反応はヒドロホルミル化反応と呼ばれ，遷移金属錯体触媒が工業的に使用された最初の例である．生成物として直鎖と枝別れのアルデヒドが得られるが，工業的には直鎖生成物が望ましく，プロピレンから $n$-ブチルアルデヒドの合成が最も大規模なものである．

$$CH_3CH=CH_2 + CO + H_2 \longrightarrow CH_3CH_2CH_2CHO + CH_3CH(CH_3)CHO$$

触媒としては，コバルトカルボニル $HCo(CO)_4$ が一般的であるが，アメリカの Union Carbide 社は，ロジウムカルボニル $HRh(CO)_3$ に大過剰の $PPh_3$ を添加した $RhH(CO)(PPh_3)_3$ を用いて工業化に成功している．その触媒反応機構を図 5.15 に示す．

**c. メタノールのカルボニル化反応**　メタノールのカルボニル化反応は，酢

**図 5.15** ヒドロホルミル化反応の反応機構

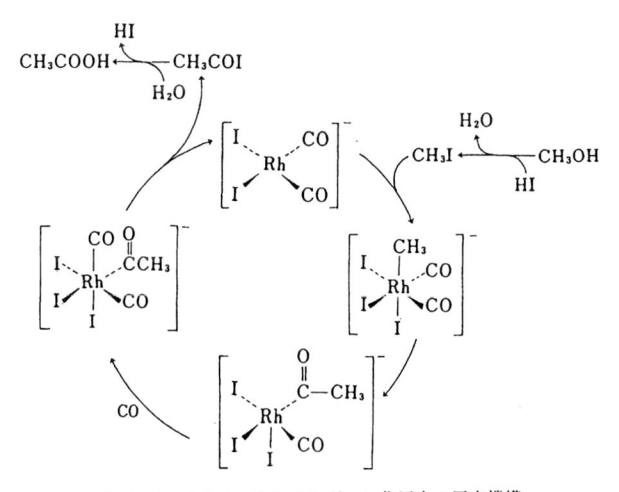

**図 5.16** メタノールのカルボニル化反応の反応機構

酸合成の工業的方法として有名である．特にアメリカの Monsanto 社が開発したロジウム/ヨウ素系触媒を用いる反応は，モンサント法と呼ばれる．

$$CH_3OH + CO \longrightarrow CH_3CO_2H$$

触媒活性種は $[Rh(CO)_2I_2]^-$ であり，これにメタノールとヨウ化水素から生

成するヨウ化メチルが酸化的に付加する段階が律速である．さらに CO の挿入によりアシル中間体が生成し，加水分解により酢酸が生成する機構が考えられている．反応機構を図 5.16 に示す．

**d. エチレンの酸化反応によるアセトアルデヒド合成（ワッカー法）**　　金属錯体触媒を用いた均一酸化反応では，ドイツの Wacker-Chemie 社により開発された Pd(II) を用いたエチレンからのアセトアルデヒド合成が有名である．

$$C_2H_4 + PdCl_2 + H_2O \longrightarrow CH_3CHO + Pd(0) + 2\,HCl + 2\,Cl^-$$

$$Pd(0) + 2\,CuCl_2 + 2\,Cl^- \longrightarrow PdCl_4^{2-} + 2\,CuCl$$

$$2\,CuCl + \frac{1}{2}O_2 + 2HCl \longrightarrow 2\,CuCl_2 + H_2O$$

$$C_2H_4 + \frac{1}{2}O_2 \longrightarrow CH_3CHO$$

この over all の反応は，エチレンと酸素からアセトアルデヒドが生成することになるが，その特徴は，アルデヒドの酸素が水分子から供給されている点であり，酸素分子は還元された Pd の再酸化に使われている点である．反応機構をまとめて図示すると図 5.17 のようになる．

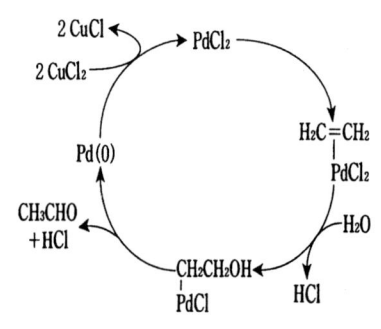

**図 5.17**　ワッカー反応の反応機構

# 6
## 触媒反応場の構造と物性

### 6.1 触媒機能を支配する因子

触媒の機能は，それを構成する物質の性質と，微視的および巨視的な構造とによって支配される．前者を「物質要因」，後者を「構造要因」という．触媒の機能を支配する最も重要な物質要因の一つは，主成分を構成する元素の種類である．それぞれの元素は特有の触媒特性を示す．金属触媒の場合，反応物は金属原子の持つ原子軌道の空孔を利用して配位結合を形成する．したがって金属の外殻の電子配置は，触媒機能を決める重要な物質要因である．この物質要因には，このほか電気陰性度，イオン化ポテンシャル，酸-塩基性，酸化還元電位など，元素の電子構造や物理化学的性質に依存するものが含まれるものと考えられる．

また，すでに第3章で述べたように，固体触媒の表面構造や細孔構造，金属錯体の分子構造や不斉構造は，触媒の活性や選択性などの機能に直接反映することが多い．これらは構造要因といえる．

#### 6.1.1 物質要因

金属の電子状態はバンド構造で説明される（3.5.2項を参照）．例えば，Niは3dと4s軌道で合計10個の電子を持つ．これらが4sバンドと3dバンドの低エネルギー側から充填されると，3dバンドは完全には埋められずに空孔を生じる．このdバンド空孔が，吸着分子との配位結合に使われ，またdバンドの電子が吸着分子への逆配位に使われる．これに対してCuは，dバンドが完全に埋められているので，Niの場合のようなdバンドの空孔を使った結合はできない．

遷移金属の酸化物の場合，金属イオンのまわりには酸化物イオン[*1)]が配位した状態になる．しかし酸化物表面の金属イオンは，本来配位すべき酸素が不足し，

配位不飽和な状態にある．例えば本来6配位の金属イオンは，表面では5配位になる．この配位不飽和の金属イオンに吸着分子が結合すると，単に結合エネルギーによって安定化する以外に，安定な配位状態を形成することによって，d電子の配置がより安定化する効果もある．

### 6.1.2 構造要因

構造要因に関しては，粒子径，露出結晶面，細孔径・細孔容積，分子不斉，分子配向，立体化学などが考えられる．そのうち主要なものを示す．

**a. 粒子径効果**　すでに述べたとおり，実用の金属触媒では主に，金属微粒子を高表面積の無機酸化物担体上に分散担持する．その際に同じ担体であっても，担持される金属微粒子の粒子径・形態が変化すると，その有効活性サイトの数が変化するだけでなく，電子状態・化学的性質も著しく変わることがある．その結果，表面で起こる触媒作用も金属粒子径に影響されることが予想される．

事実，多くの触媒反応の活性や選択性が粒子径に依存して変化する．すなわち，縦軸に活性（TOF：Turn Over Freguency）を，横軸に分散度を取ってプロットすると，代表的な依存性のパターンは，以下に示すような四つのタイプに分類される．

(1) 分散度に対してTOFがまったく変化しない場合
(2) 粒子径が小さくなると活性も減少する場合
(3) 逆に粒子径が小さくなると活性が大きくなる場合
(4) 活性に最適粒子径の存在する場合

(1)は，表面の構造（原子配列）などによらず，表面原子数だけで触媒反応速度が決まる場合であり，前述した構造鈍感型反応に対応する．一方，構造敏感型反応といえるパターンは次の(2)〜(4)であり，表面原子数だけでなく，原子配列などの表面構造が反応速度の支配因子となっていることを示している．

**b. 形状選択性**　触媒の細孔構造が触媒特性に影響する例の一つに，結晶性多孔体のゼオライトや，架橋粘土鉱物における形状選択性がある．固体触媒のマクロな細孔構造は拡散過程に影響を与えるが，さらに分子サイズの細孔構造（キ

---

[*1]　金属酸化物は完全なイオン結合ではなく，共有結合性を含む．しかし，その割合は化合物により異なるので，形式的に金属イオンと酸化物イオンという表現で説明を簡単にしている．

ャビティ径，窓径）を持つゼオライトなどでは，分子のサイズや形状で選択的に取り込みが制御される（分子ふるい効果）．すなわち，細孔への侵入や脱出速度が分子のサイズや形状で大幅に異なるので，反応速度に大きく影響する．分子の形状が反応速度に影響して選択性が変わる現象を，「形状選択性」と呼ぶ．

形状選択性の発現する三つの原因をモデル的に図示する．すなわち，① 反応物の取り込みの選択性，② 生成物の脱離の選択性と，③ 遷移状態の選択性，である．

まず，反応物の取込みの選択性は，反応物の形状によって，ゼオライトの窓を通っての細孔内への取り込まれやすさが異なるために生ずる選択性である．例えば A 型ゼオライトでは細孔径が小さく，直鎖のブタンや 1-ブタノールは細孔に侵入し分解反応が進行するが，分岐したイソブタンやイソブタノールは侵入できず反応が起きにくい（図 6.1）．

二つ目は，生成物の形状による脱離の選択性である．例えばベンゼンのアルキル化反応では，主生成物のエチルベンゼンとともに，副生成物としてジエチルベンゼンが生じる．エチルベンゼンはゼオライト細孔から脱出しやすいが，分子サイズの大きなジエチルベンゼンは脱出が遅い（図 6.2）．細孔内にとどまっているうちに脱アルキル反応が起こり，エチルベンゼンが生成する．結果としてエチルベンゼンの選択率が高くなる．

さらに第三は，反応中間体あるいは遷移状態の形状によって規制される場合で

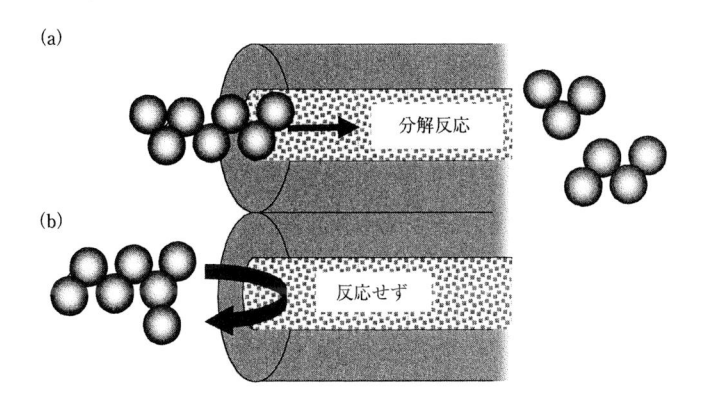

**図 6.1** 反応物の形状選択性
(a)直鎖状分子は細孔内に侵入して分解反応を起こす，(b)分岐状分子は細孔に侵入できず反応しない．

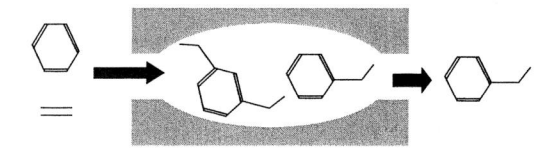

**図 6.2** 生成物形状による選択性
エチルベンゼンは細孔から脱出できるが，ジエチルベンゼンは脱出できない．

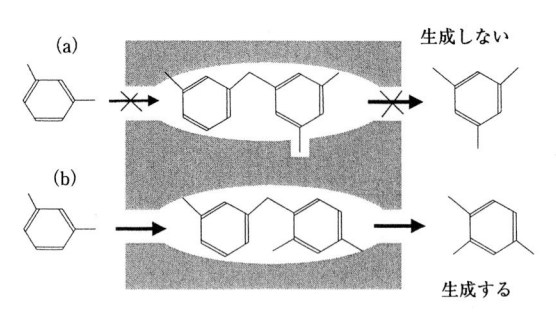

**図 6.3** 反応中間体の形状による選択性
(a)かさ高い中間体を経るものは生成しない，(b)幅の狭い中間体を経るものは生成する．

ある．例えば，H-モルデナイトによるメタキシレンの不均化反応の場合，2分子が結合した中間体を経由する（図6.3）．しかし，かさ高い反応中間体を経由する1,3,5-トリメチルベンゼンは生成しにくく，一方で比較的幅の狭い中間体を経由する1,2,4-トリメチルベンゼンは生成しやすい．

**c. 露出面による活性・選択性の変化** 単結晶の特定の表面や，微粒子の露出しやすい結晶面での触媒作用が研究されている．これらは，幾何的な原子配列が，したがって，原子間距離や電子密度が異なり，直接，触媒活性に反映される場合がある．そのいくつかの具体例はすでに第5章に述べた．このほか層状化合物の層間や，ゼオライトの細孔によるホスト-ゲスト錯体の形成による触媒機能なども，主として，構造要因が働いているとしてよいだろう．

## 6.2 固体触媒における反応場の構造

### 6.2.1 金属酸化物表面の活性点の構造

酸化物触媒は，典型元素の酸化物系と遷移元素の酸化物系とに大別できる．遷

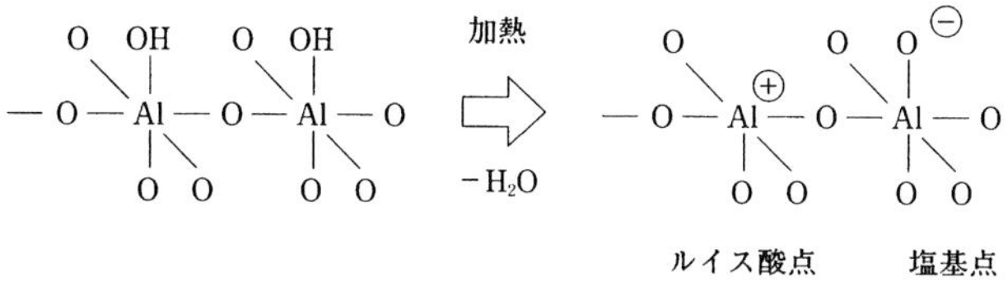

**図 6.4 表面水酸基の脱水によるルイス酸の生成**
加熱によって二つの −OH から 1 分子の $H_2O$ が放出され，局所的に電荷の
バランスがくずれることで，ルイス酸点と塩基点ができる．

移元素は酸化数が変わりやすいので，電子の授受が起こりやすく，その酸化物は酸化反応触媒などに使われる．Al や Mg などの典型元素は価数が安定しており，電子の授受には直接関与しないが，表面の配位不飽和な原子に電荷の偏りを生じ，正電荷が吸着分子の電子対と相互作用したり，負電荷がプロトンと相互作用したりする．これらは，それぞれ固体酸点・固体塩基点と呼ばれる表面の活性点を形成する．また酸には，HCl のような $H^+$ を供与する「ブレンステッド酸（B 酸）」と，$AlCl_3$ のような電子対受容性の「ルイス酸（L 酸）」があるのに対応して，固体酸にも，酸化物表面の −OH が $H^+$ 供与性を示す B 酸と，表面の金属イオンが電子対の受容性を示す L 酸とがある．

遷移金属酸化物の表面は，電子の授受による酸化・還元反応にも，電子対との相互作用による酸・塩基反応にも触媒活性を持つ場合がある．

**a. 固体酸点**　水酸化物をあまり高くない温度で焼成した $Al_2O_3$ や，空気中に長時間放置された $Al_2O_3$ の表面は，水酸基（−OH）でおおわれている．これを高温で加熱処理すると，脱水反応によって多くの −OH は脱離し，$Al^{3+}$ と $O^{2-}$ とが表面に残る．前者はルイス酸点として，後者は共役の塩基点として働く（図 6.4）．

**b. 固体塩基点**　MgO や CaO など，塩基性酸化物の表面は，高温処理で表面水酸基が脱離すると塩基点が生成する．これらは表面に残る −OH（弱い塩基点）や，表面の幾何学構造から生じる配位不飽和な $O^{2-}$ イオン（強い塩基点）に起因するものと考えられる．

図 6.5 には，MgO の表面構造モデルを示す．表面の凸凹によって，テラスやキンクの位置に $Mg^{2+}$ イオンや $O^{2-}$ イオンが存在すると，配位不飽和な状態になり，それぞれ酸点と塩基点として働く．すなわち，$Mg^{2+}$ のまわりの $O^{2-}$ が少な

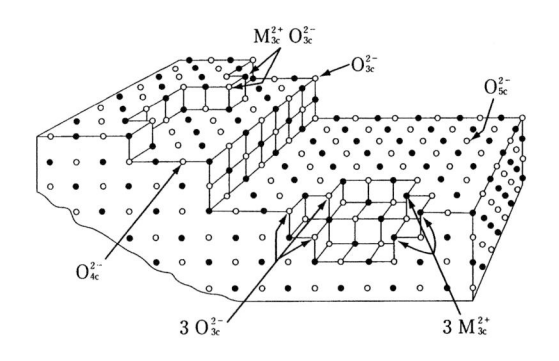

**図 6.5** MgO の表面構造（Proc. 7th Intern. Congr. Catal., B1154, Kodansha より）
$M^{2+}$：Mg イオン，$O^{2-}$：酸化物イオン．3c, 4c, 5c は配位数．

ければ酸点となり，$O^{2-}$ のまわりに $Mg^{2+}$ が少なければ塩基点となる．そして配位不飽和度に応じて酸塩基の強さが決まる．図でいえば，塩基の強さの順は，配位数（3c, 4c, 5c）の少ない順に，$O_{3c}^{2-} > O_{4c}^{2-} > O_{5c}^{2-}$ となる．

**c. 一電子供与点** $Al_2O_3$ や CaO の表面に，テトラシアノエチレン（TCNE）やニトロベンゼンを吸着させると，それぞれのアニオンラジカルが生成することが ESR によって観察される．このことは，$Al_2O_3$ や CaO の表面から吸着分子に電子を1個供与することを意味しており，このような活性点を「一電子供与点」と呼ぶ．このような活性点の数は表面のごく一部にすぎない．一電子供与点の数は，CaO などの焼成温度によって変わるが，塩基点濃度とは異なった挙動を示すので，それぞれ別個の活性点であると考えられている．

**d. 酸化還元サイト** 遷移金属の酸化物の場合は，金属イオンが複数の安定な酸化数を取ることができ，吸着分子との反応で価数変化しやすく，酸化反応において重要な働きをする．例えば酸化ニッケルの場合，Ni は価数として 2 価が最も安定だがそれに次いで 3 価も安定である．実際に炭酸ニッケルを焼成して NiO を調製すると，$Ni^{2+}$ のほかに，微量の $Ni^{3+}$ を含んだ酸化物が安定に生成し，見かけの化学式が $NiO_{1+x}$ と書けるようになる．この $x$ に相当する分の酸素は過剰酸素と呼ばれ，強い酸化力を持っている．

さらに，NiO に 1 価のイオンである $Li^+$ を固溶させると，格子中の一部の $Ni^{2+}$ が $Li^+$ に置換し，その結果不足する正電荷を補って，近傍の $Ni^{2+}$ が $Ni^{3+}$ となり，同時に過剰酸素が増加する．反対に少量の $Cr_2O_3$ を添加して，3 価のイオ

ン（$Cr^{3+}$）で置換すると $Ni^{3+}$ が減少する．このように，価数の異なるイオンを添加することで，遷移金属イオンの原子価を制御することができる．

$LaCoO_3$ は，ペロブスカイト型の安定な結晶構造を持つ複合酸化物である．これに $Sr^{2+}$ を添加して，$La^{3+}$ を $Sr^{2+}$ に置換して原子価制御すると，$Co^{3+}$ の一部が $Co^{4+}$ となる．

$$La^{3+}Co^{3+}O_3 \longrightarrow （Sr \text{ 置換}） \longrightarrow La^{3+}_{1-x}Sr^{2+}_{x}Co^{3+}_{1-x}Co^{4+}_{x}O_3 \quad (6.1)$$

しかし $Co^{4+}$ は不安定で $Co^{3+}$ に戻りやすく，このとき同時に酸素を可逆的に放出する．

$$La^{3+}_{1-x}Sr^{2+}_{x}Co^{3+}_{1-x}Co^{4+}_{x}O_3 \rightleftharpoons La^{3+}_{1-x}Sr^{2+}_{x}Co^{3+}_{1-x+2\delta}Co^{4+}_{x-2\delta}O_{3-\delta}+\frac{\delta}{2}O_2 \quad (6.2)$$

この効果を触媒に利用すると，$LaCoO_3$ に Sr を添加することで，炭化水素の完全酸化反応に対する触媒活性が大幅に高くなる．

### 6.2.2 複合効果による活性点の形成

触媒機能は，複数の成分が相互に協調的に作用することで，単一成分の場合や，それぞれの単純な和よりも顕著に活性や選択性が向上することがある．これを協奏効果，協同効果（synergistic effect）などという．

**a. 酸性の発現**　　固体酸性は，電荷や配位数の異なる金属の複合酸化物系でしばしば発現する．典型的なのは，ゼオライトにおける酸性の発現である．ゼオライトは，かご型の構造を取る結晶性 $SiO_2$ の骨格中で，$Si^{4+}$ の一部を $Al^{3+}$ で置換したものである．不足する陽電荷を補うために，調製時には通常，$Na^+$ が加えられ Na 型として合成されている．固体酸性を発現させるには，Na 型を H 型とする．すなわち，この $Na^+$ をイオン交換して $NH_4$ 型としたあと，焼成すると $NH_3$ が放出されて $H^+$ が残り，H 型となる（図 6.6）．この $H^+$ が，酸点（ブレンステッド酸点）を形成する．これをさらに高温で加熱すると，$H_2O$ が放出されてルイス酸点が発現する．

ゼオライトのような結晶構造を形成しない場合でも，非結晶性の $SiO_2$-$Al_2O_3$ のように，二成分系の酸化物で固体酸点が形成されることはしばしば見られる．これらは固溶体を形成することで，金属イオンの置換や相互作用が起こり，正負の電荷の偏りが生じることで説明される．固溶体が形成される場合，次の二つの条件を満たすものとする．

(1) 金属のまわりの酸化物イオンの配位数は，固溶体を形成しても単独酸化物

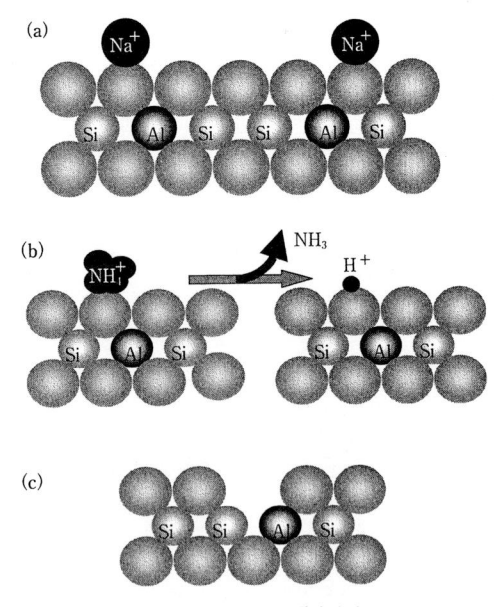

**図 6.6** ゼオライトの酸点生成
(a) Na 型ゼオライト, (b) NH$_4$ 型と H 型のゼオライト,
(c) 脱水によるルイス酸点の生成.

の場合の配位数が保持される.
(2) 固溶体のなかで酸化物イオンのまわりの金属イオンの配位数は, 主成分酸化物での配位数を継承する.

例えば, SiO$_2$ に少量の TiO$_2$ を添加した場合, 金属イオンの配位数は Si の 4, Ti の 6 が維持される. O$^{2-}$ の配位数は SiO$_2$ では 2, TiO$_2$ では 3 であるが, 固溶体では主成分 SiO$_2$ の配位数を継承する. 本来, 3 個の金属イオンが取り囲むべき TiO$_2$ に隣接する O$^{2-}$ を, 2 個の金属イオンで囲んでいるので, 負電荷が過剰となる. これを補償して電荷の中性を保つために, H$^+$ が表面についてブレンステッド酸点を形成する. 同様に配位数から計算して, 正電荷が過剰となる場合はルイス酸点が発現する.

**b. 担体効果**　担持金属触媒における Al$_2$O$_3$ などの担体の役割は, 金属粒子を高分散化して凝集を防ぎ, 有効な金属の表面積を維持するだけでなく, 金属と担体の相互作用により, 金属粒子の電子状態や特性を変え, その結果, 触媒活性・選択性, 寿命などの触媒特性を改善ことである. これを担体効果という. 電

気陰性度の高い $TiO_2$ などの担体は，金属の電子密度を低下させる方向に働き，逆に MgO などの担体は電子密度を高める方向に働く．

(1) 二元機能触媒： 石油精製の改質プロセスで用いる $Pt/Al_2O_3$ 触媒は，担体の $Al_2O_3$ に塩素を含み，表面に固体酸点を有する．この触媒は，Pt の触媒機能（脱水素・水素化）と $Al_2O_3$ の酸触媒機能（骨格異性化・環化）とが組み合わさって，パラフィンから芳香族炭化水素への反応など，多段階の反応を同一の触媒上で可能とする，高度な機能を示す触媒である．この種の触媒を二元機能触媒と称している．

(2) スピルオーバー： 担持金属触媒において，金属上で原子状に解離吸着した水素が，金属表面から担体表面へとこぼれ出て（spill over），大量に吸着することが知られている．活性炭担持触媒では，水素吸着量が金属表面積に対応せず，大量にスピルオーバー水素が生じる．この水素は触媒反応に直接関与したり，担体表面の析出炭素を除去したりする働きがある．

(3) SMSI (Strong Metal Support Interaction)： $TiO_2$，$Nb_2O_5$ などの還元されやすい金属酸化物を担体としたとき，還元温度が高い場合には，スピルオーバーした解離水素が担体の酸化物を部分還元し，その酸化物の微粒子が金属表面を被覆してしまうため，吸着能力や触媒活性が大幅に減退してしまう．活性の低下が金属の粒成長によるわけではないので，再度酸化処理をして，低温で水素処理をすると再び金属表面が露出し，活性を回復する．

**c. 合金の触媒作用** 二種類の金属を混ぜて溶融した場合に，互いによく混ざり合う場合と混ざりにくい場合とがある．これは，混ぜ合せる金属の結晶構造や原子の大きさ，電気陰性度の大小などが関係している．混ざり合う場合も，固溶体になったり，規則的に配置した新しい結晶相を形成したり，金属間化合物を形成したりする．またバルク（塊状）では合金を形成しない，Ru-Cu のような金属の組合せでも，担体上に超微粒子（クラスター）として高分散化された状態では，両方の金属が共存した状態の粒子を形成することがある．このような粒子を，バルクの合金と区別して"バイメタリッククラスター"と呼ぶ．

一般的にバイメタリック粒子の構造を見ると，二つの金属が混ざり合う場合と粒子内で分離している場合とがある（図6.7）．混ざり合う場合も，固溶する場合と新たな合金相を形成する場合がある．また多くの場合，一方の成分が表面に濃縮している．一般に表面エネルギーが小さい，換言すると昇華エネルギーが小

図 6.7 担持バイメタリック触媒における金属粒子のさまざまな構造

表面濃縮　チェリー型　島状　分離して隣接　完全分離

さい金属，原子半径の大きい金属が，表面に偏析しやすいといわれる．

---

**アンサンブル効果とリガンド効果**

　ある特定の触媒反応に高活性な金属を，低活性な金属で希釈すると，単純な希釈効果から期待される活性よりも，極端に活性が低下することがしばしば見られる．通常，金属触媒の反応の場は，特定の表面金属原子1個の上ではなく，近傍の原子のいくつかが組み合わさって局所的な集合構造（アンサンブル）を形成し，これが触媒反応の場，すなわち，活性点（活性領域）を形成すると考えられる．このようなアンサンブルを形成する金属のうちの1個を不活性な金属で置換すると，そのアンサンブル全体の活性が失われると考えられる．このような効果を，「アンサンブル効果」と呼ぶ．

　表面での活性な金属の割合を $X$ とすると，$n$ 個の金属原子からなるアンサンブルの活性点のすべてが，活性な金属だけで形成される割合は，$X^n$ に比例する．したがって，表面の組成と活性との関係は図 6.8 のようになる．$n=1$ のときは表面組成と活性は比例関係になるが，$n$ が大きくなるほど，少し希釈されただけでも活性は大幅に減退する．すなわちアンサンブル効果は，$n$ が大きいほど顕著に現われる．

　主反応と副反応とで $n$ が異なるとき，金属触媒をほかの金属で希釈すれば，その効果の現われ方が一様でないので，選択率が変化する．例えば Ni 上のシクロヘキサンの脱水素反応は $n=1$ であるのに対し，副反応の水素化分解は大きなアンサンブルを必要とする $n>1$ の反応である．Ni 触媒を Cu で希釈すると水素化分解の反応が大幅に減少するので，相対的に脱水素反応の選択率が高くなる．このような効果は，石油精製における改質プロセスで，Pt-Re などのバイメタリック触媒，ないしマルチメタリック触媒において利用されている．

　また，電気陰性度の異なる2種類の金属を混ぜると，一方の金属原子から他方に電子が引き寄せられ，電子密度が変化する．このような電子的効果による触媒活性の変化を，「リガンド効果」と呼ぶ．金属の電子密度の変化は，吸着 CO の赤外スペクトルや TPD によって調べることができる．

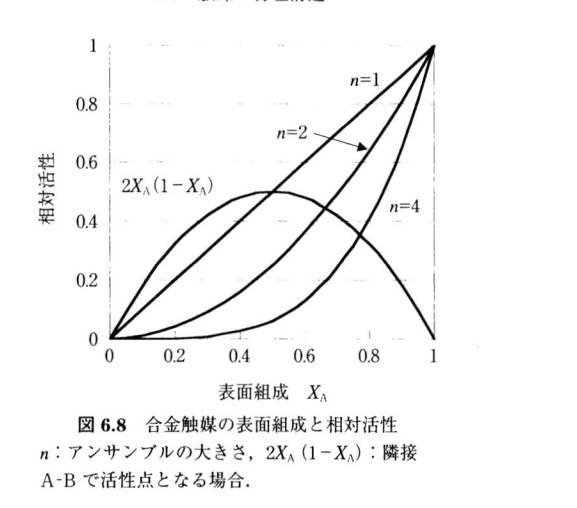

**図 6.8** 合金触媒の表面組成と相対活性
$n$：アンサンブルの大きさ，$2X_A(1-X_A)$：隣接 A-B で活性点となる場合．

## 6.3 触媒の物理構造

### 6.3.1 結晶と表面積—細孔構造・細孔分布

固体触媒の活性はその表面に由来するものなので，表面積の測定は固体触媒の構造解析のなかで最も基礎的なものである．表面積の測定は，すべての成分の表面積（全表面積）を測定したい場合と，そのなかの有効成分の表面積を選択的に測定したい場合とがある．どちらも，気体の吸着量測定をうまく利用することで可能になった．

全表面積の測定には，窒素など固体表面と反応しない気体の物理吸着を利用したBET法が広く用いられている．物理吸着の場合，平衡圧の上昇とともに，単分子層吸着が完成する前に多分子層吸着に移行してしまうので，表面積を求めるには，単分子層吸着量 $V_m$ を求めるための工夫が必要である．ブルナウアー，エメット，テラーは，多分子層吸着モデルによく一致する式（BET式，式(6.3)）をつくり，これを利用して $V_m$ を求めることに成功した．

選択的な測定としては，$H_2$ や CO の化学吸着を利用して，担持金属触媒の金属表面積を測定する方法がある（6.5.2項参照）．

### 6.3.2 BET法

触媒の入った吸着管を液体窒素浴に浸し，減圧下で窒素の吸着量を測定する．

この条件下での吸着は物理吸着なので,表面の性質によらずに,BET 吸着等温式に従った吸着挙動を取る.

$$\frac{P}{V(P_0-P)} = \frac{1}{V_mC} + \frac{C-1}{V_mC}\frac{P}{P_0} \tag{6.3}$$

$P$:平衡圧,$P_0$:飽和蒸気圧,$V$:吸着量,$V_m$:単分子層吸着量,$C$:定数

平衡圧 $P$ をさまざまに変えて吸着量 $V$ を測定する.横軸に $x = P/P_0$ を取り,縦軸に $P/V(P_0-P)$ を取ると直線関係が得られる.直線の傾きは $(C-1)/V_mC$ を,切片は $1/V_mC$ を表わすので,傾きと切片から $V_m$ と $C$ とが得られる.液体窒素の密度 $0.808$ g·cm$^{-3}$ をもとにすると,窒素分子の断面積は $0.162$ nm$^2$ となり,単分子層吸着量 $V_m$ (cm$^3$·g$^{-1}$) と表面積 $S$ との関係は次式で表わされる.

$$S = 4.35 V_m \text{ (m}^2\cdot\text{g}^{-1}) \tag{6.4}$$

BET 式は,相対圧 $x = P/P_0 = 0.05\sim0.35$ の範囲でよく成り立つといわれているので,測定はこの範囲で行なう.Al$_2$O$_3$ や TiO$_2$ などでは式 (6.3) は良好な直線関係が得られる.しかし細孔構造の特に発達した高表面積の活性炭やシリカゲルなどでは,良好な直線にはならない.またゼオライトのような構造の場合も,N$_2$ の吸着が BET の多分子層吸着モデルにはよく合致しないので,BET 式では整理できない.なお測定に際しては,表面積の大きな試料ほど空気中の水分を多量に吸着しているので,あらかじめ加熱排気して水分を除去し,吸着量は乾燥試料の重量当たりで算出する.

### 6.3.3 一点法(簡便法)

BET 式を適用して表面積を測定するには,平衡圧を変えて数回の測定を行わなければならず,測定に時間と手間がかかる.これを簡便にすませるために考案されたのが一点法である.近似による若干の精度低下は免れないが,1 回の吸着量測定だけですむので,迅速な測定が可能になる.

式 (6.1) において,$C$ の値は一般におよそ $50\sim200$ であり,1 よりかなり大きい.また切片 $1/V_mC$ は分母が大きく,0 に近似できる.結局,式 (6.3) は簡略化して式 (6.5) のように表わされる.

$$V_m = V\left(1 - \frac{P}{P_0}\right) \tag{6.5}$$

この式を用いれば,平衡圧が 1 点だけの測定から $V_m$ が得られ,式 (6.4) か

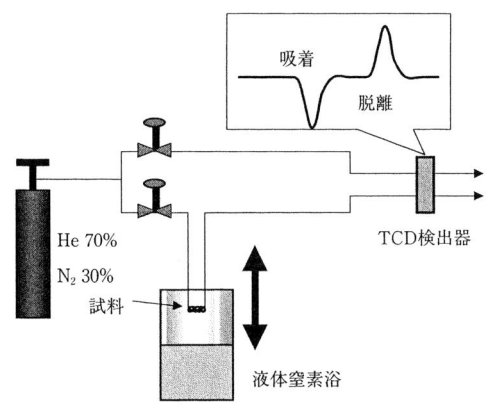

**図 6.9** 流動法表面積測定装置

ら表面積が求められる．一点法で測定する場合は，BET 式が成り立つ範囲で平衡圧ができるだけ大きいほうがよい近似を与える．通常は $P/P_0$ が 0.3〜0.35 の範囲で測定する．

　静止法の吸着装置は，測定の自動化が容易には行えない．最近は市販の表面積測定装置が手ごろな価格で入手できるが，これらの装置の多くは図 6.9 のような「流動法表面積測定装置」である．

　この装置は，ガスクロマトグラフのキャリヤーガスのラインに，試料の入った吸着管を設置したものである．キャリヤーガスには，$N_2(30\%)$-He$(70\%)$ 程度の混合ガスを用いる．この $N_2$ の分圧が平衡圧 $P$ に相当する．混合ガスが流れるなかで，試料の入った吸着管を液体窒素に浸すと，$N_2$ の吸着が起こって気相の $N_2$ 濃度が減り，検出器にピークを与える．また液体窒素浴を外すと，試料から吸着 $N_2$ が脱離してピークを生じる．これらのピーク面積から $N_2$ 吸着量が定量される．

　流動法での測定は，平衡圧が 1 点だけでの測定だから，一点法での表面積の計算となる．ガスクロマトグラフの測定感度は高いので，かなり表面積の小さい試料でも測定可能である．

### 6.3.4　細孔構造の測定

　細孔分布の測定には，窒素の物理吸着を拡張したものと水銀圧入法があり，どちらも市販の測定装置が供給されている．

　BET の式は，相対圧 $P/P_0$ が 0.05〜0.35 程度までがよく成立する範囲である．

平衡圧がそれ以上になると，多層吸着から，さらに細孔内に液化した窒素が凝縮した状態になるため，見かけの吸着量が増加する．このような現象を「毛管凝縮」と呼ぶ．毛管凝縮は，細孔径が小さいほど低い平衡圧でも起きる．細孔の形状を円筒状と仮定すれば，細孔の半径 $r$ と平衡圧 $P$ との間には，次のケルビン (Kelvin) の式が成り立つ．

$$\ln \frac{P}{P_0} = -\frac{2\gamma V_L \cos\theta}{rRT} \tag{6.6}$$

ここで $\gamma$ は表面張力，$V_L$ は分子容，$\theta$ は接触角を表わす．ケルビン式を用いれば $P$ を対応する $r$ に換算できるので，さまざまな平衡圧で毛管凝縮した液体の体積を測定することから，細孔径分布がわかる．

細孔分布を測定するもう一つの方法が「水銀圧入法」である．試料を真空排気したあと水銀に浸し，水銀を加圧すれば細孔内に浸入する．外部から加えた圧力 $P$ と水銀が浸入できる細孔半径 $r$ との間には，次式が成り立つ．

$$rP = -2\gamma\cos\theta \tag{6.7}$$

圧力が $100\,\mathrm{kg\cdot cm^{-2}}$ では，$75\,\mathrm{nm}$ の細孔径以上の部分に水銀が浸入し，$1,000\,\mathrm{kg\cdot cm^{-2}}$ では $7.5\,\mathrm{nm}$ の細孔まで浸入する．さまざまな圧力で水銀の浸入量を測定することで細孔径の分布がわかる．水銀圧入法は窒素吸着法より，細孔径が大きい部分の測定に適している．

### 6.4　工業触媒の構造

工業的に使われる触媒は，図 6.10 のようにハニカム状，ギヤ型，車輪型，円筒状，球状など，さまざまに特徴的な形状をしている．

**a. モノリス（一体）状の触媒**　　自動車の排ガス浄化触媒や排煙脱硝触媒のように，処理するガスの流量が特に大きい場合は，圧損が少なく触媒との接触効率が高い形状として，ハニカム状（蜂の巣状）のような一体構造の触媒が使われる．このような触媒は，ハニカム状のセラミックス（コージェライトやムライトなど）の支持体の表面に，担持金属触媒（$Pt\text{-}Rh/Al_2O_3$ など）をコーティングしたものである．

**b. 粒子状触媒**　　最も多く用いられるのが粒子状の触媒である．形状も円筒形や球形などさまざまである．多くの触媒は，反応塔に充填されて用いられる．触媒層を反応ガスが通過するのに圧損を生じないためには，触媒粒子間に適度な

図 6.10 さまざまな工業触媒（ズートケミー触媒社のカタログより）

すきまがなければならない．触媒を粒子状にすることですきまをつくることができる．ギヤ型や車輪型にすることですきまを大きく取ることができるが，成形に手間がかかる．粒子状にする場合，反応塔への出し入れも考慮される．充填の際に粒子が破損しないように，また触媒層の高さが高い場合に上からの圧力で破損しないように，十分に丈夫な粒子をつくることは大切である．

担持金属触媒のなかには，1個1個の触媒粒子のなかに，さらに工夫の施されたものもある．高価な貴金属を触媒に用いる場合，できるだけ有効に使わなければならない．触媒粒子のなかでも表層付近は有効に利用されるが，粒子内部は拡散の影響で利用度が低い．そこで粒子の表層付近だけに貴金属を分布させれば，貴金属重量当たりの活性は高くなる．触媒粒子を卵に見立てると，殻に相当する部分に有効成分が分布しているので，egg shell 型触媒と呼ばれる．一方では，egg white（卵白）型，egg yolk（卵黄）型触媒もつくられる（図 6.11）．これらは，反応原料中の不純物が触媒に沈着して劣化を引き起こす場合，有効成分に到達する前にそれを析出させ，有効成分を保護するのに有効である．

**c. 粉末触媒** 液相反応に使う触媒は，拡散の影響を避けるために，微粒子状の触媒が使われる．しかし粒径が小さすぎると，反応終了後に沈殿やろ過で分離するときに問題を生じるので，分離が容易になる程度の粒子にそろえることが多い．気相反応でも，流動床で使う触媒は，粒径のそろったさらさらの微粒子状である．流動床で擦れ合っても摩耗しないように，丈夫な微粒子をつくらなけれ

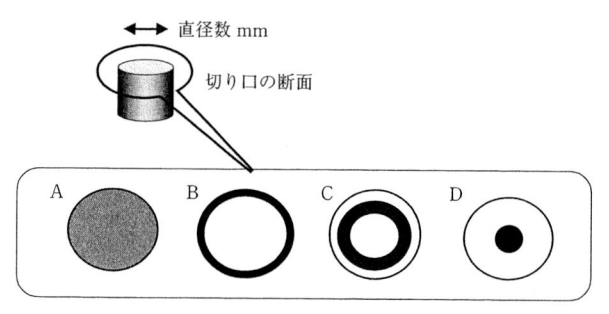

**図 6.11** 粒子状の工業用担持金属触媒の構造,黒い部分が金属の担持された領域
A:均一担持,B:egg shell 型,C:egg white 型,D:egg yolk 型.

ばならない.

## 6.5 化学的方法によるキャラクタリゼーション

### 6.5.1 滴定法による酸点・塩基点の測定(指示薬滴定法)

固体酸の強度は,$H_0$ 関数(またはハメット関数)で表わされる.$H_0$ 関数はもともと溶媒の酸性を示す関数である.溶媒に溶けた塩基 B は,次の式 (6.8) で表わされる平衡になる.ここで $BH^+$ は共役の酸にあたる.

$$B + H^+ \rightleftharpoons BH^+ \tag{6.8}$$

平衡は溶媒の酸塩基性によって変わり,酸性が強ければ平衡は右に移動する.酸 $BH^+$ の解離平衡定数 $K_{BH^+}$ と,酸の $pK_{BH^+}$ は次の式 (6.9) で表わされる.

$$K_{BH^+} = \frac{[B][H^+]}{[BH^+]}, \qquad pK_{BH^+} = -\log K_{BH^+} \tag{6.9}$$

$H_0$ 関数は,次の式 (6.10) で定義され,溶媒が塩基にプロトンを供与する力の尺度と考えられる.

$$H_0 = pK_{BH^+} - \log \frac{[BH^+]}{[B]} \tag{6.10}$$

$[BH^+] = [B]$ のときは,$BH^+$ と溶媒が同等のプロトン供与能力を持つ場合であり,$H_0 = pK_{BH^+}$ となる.それより酸性が強ければ $[BH^+] > [B]$ となり,$H_0$ はより小さい値となる.強い酸ほど $H_0$ は小さく,100%の $H_2SO_4$ は $H_0$ が約 $-12$ である.本来溶媒のプロトン供与能力を表わすこのような $H_0$ 関数が,固体酸の強度を表わすのにも使われている.

水溶液の酸・塩基の強さは,リトマスやフェノールフタレインなどの指示薬を使えば明らかになる.同様に固体酸表面の酸点の強さも,指示薬で調べることができる.例えばアントラキノンは,$pK_a$ が $-8.2$ であり,これより強い酸(90% 硫酸以上に相当)で黄色に発色する.そこで,乾燥した固体酸試料をアントラキノンのベンゼン溶液に浸し,表面が黄色に発色すれば $H_0$ が $-8.2$ 以上の強い酸点が存在することがわかる.さらに酸点の量も指示薬で測定できる.$n$-ブチルアミンのような塩基性試薬を加えると酸点上に吸着し,指示薬の発色を阻害する.酸強度に分布がある場合,強い酸点から順次アミンによって中和される.そこで,アントラキノン指示薬が発色しなくなる $n$-ブチルアミンの最小量を求めれば,$H_0$ が $-8.2$ より強い酸点の量が決定できる.変色する酸強度が異なる数種類の指示薬を組み合せて用いれば,固体酸の強さと活性点数の関係,「酸強度分布」を決定することができる.

これらの測定には,微量の水分が大きく影響するので,用いる試薬や溶媒は,厳密に脱水しなければならない.また,アミンと酸点との吸着平衡の達成までには長い時間を要する場合が多い.酸強度分布を測定することで固体酸触媒の理解が深まるので効果は大きいが,実験的に多大な労力を要するのが難点である.そこで,後述するような $NH_3$ の昇温脱離などで,定性的に酸強度の比較を行うことも可能である.

固体塩基点の強さとその数も,安息香酸などの酸性試薬とジニトロアニリンのような塩基性指示薬との組合せを用いて測定することができる.

### 6.5.2 金属の分散度の測定

金属触媒は,表面積の大きい酸化物等に担持することで超微粒子化し,有効表面積を大きくする.ここで触媒として用いた金属原子の中で,実際に表面に露出して,触媒として作用し得る状態にある原子の割合を,「分散度」と呼ぶ(3.2.2 項参照).分散度は,金属粒子の大きさとも,単位重量当たりの表面積とも直接関係したものである.

$$分散度 = \frac{表面金属原子数}{全金属原子数} \times 100 \quad (\%)$$

分散度は,表面に露出した金属原子数を測定すれば,担持量との比から明らかになる.そのために最もしばしば用いられるのが,$H_2$ や CO などの化学吸着量

を測定する方法である．$H_2$ や CO は Pt，Pd などの金属表面には強く吸着するが，$Al_2O_3$ や $SiO_2$ などの担体表面にはほとんど吸着しない．そこで，$Pt/Al_2O_3$ や $Pd/SiO_2$ などの担持金属触媒でも，Pt や Pd の表面原子数を選択的に測定することができる．

水素は Pt 表面に解離吸着する．したがって，表面 Pt 原子（$Pt_s$）の数は吸着 $H_2$ 分子数の 2 倍となる．同様に酸素 $O_2$ も解離吸着する．

$$\frac{1}{2} H_2 + Pt_s \longrightarrow Pt_s-H \qquad \frac{H}{Pt_s} = 1$$

CO は Pt 表面にそのまま吸着し，表面 Pt 原子数は吸着 CO 分子数に等しい．

$$CO + Pt_s \longrightarrow Pt_s-CO \qquad \frac{CO}{Pt_s} = 1$$

Cu 触媒と Ag 触媒の場合は，$H_2$ や CO の吸着が弱いので，$N_2O$ の吸着が用いられる．$N_2O$ は Cu や Ag の表面で分解して吸着酸素を形成する．

吸着分子と表面金属原子の結合の化学量論比が正確に成り立てば，十分に高い精度で分散度が測定できる．実際には $H_2$ の吸着ではスピルオーバーが起きたり，CO の吸着では linear 型以外の吸着が起きたりして，化学量論比が不正確になることがあるので注意が必要である．

### 6.5.3 昇温脱離法と昇温反応法

触媒表面の活性点と，吸着分子との結合の強弱を見分けるための実験方法として，昇温脱離法（TPD：Temperature Programmed Desorption）がしばしば用いられる（4.3.2 項）．固体酸表面には，$NH_3$ やピリジンなどの塩基性分子が吸着するが，吸着の強さは表面の酸点の強さに依存する．いったん表面上のすべての酸点に塩基分子を吸着させたのち，真空排気下や He 流通下において一定速度で昇温すると，最初に弱い酸点に吸着した分子が脱離し，順次より強い酸点に吸着した分子が脱離し，最強の酸点に吸着した分子が最後に脱離してくる（図 6.12）．脱離分子の量をガスクロマトグラフや質量分析器の検出器で測定し，脱離温度と脱離物濃度との関係を図にしたのが TPD 曲線である．

固体塩基触媒の表面では，$CO_2$ のような酸性分子の吸着・脱離を用いる．また金属表面の性質を調べるのには，CO などの分子が TPD にしばしば用いられる．

TPD のピークを与える温度は，装置や実験条件の影響を受けやすいので注意

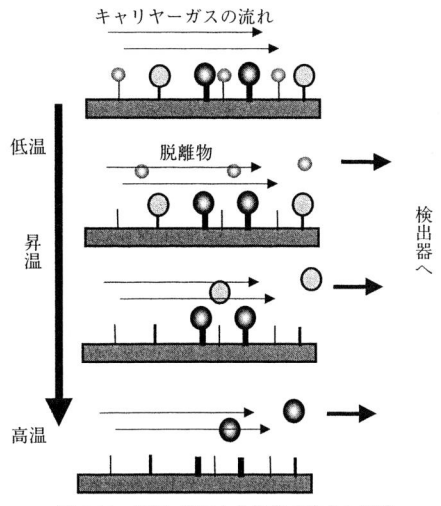

**図 6.12** TPD 法による吸着の強さの測定

が必要である．まず再吸着の影響を防ぐため，触媒層の厚さを抑えなければならない．質量分析計を用いる場合は，真空装置内で脱離物が滞留しやすいので，検出器に到達して除去される時間を短くし，前後の脱離物の混合を最小に抑えなければならない．He などのキャリヤーガスを用いる場合は，その流速がピーク温度に影響することがある．

TPD での脱離温度が吸着平衡によって決まるとき，ピーク温度は吸着熱と脱離反応のエントロピー変化とで決まる．脱離前後のエントロピー変化は，触媒と吸着分子が類似したものであればほぼ一定と考えられる．このような場合，脱離ピーク温度は吸着熱を反映していると考えられ，実際に吸着熱の推算も可能である．

吸着分子を単純に熱的に脱離させる代わりに，活性な気体を流して反応させ，生成分子を測定するのが TPR 法である．例えば Pt など金属表面に吸着した CO は，水素気流中で加熱すると，$CH_4$ と $H_2O$ となって脱離する．TPD と同様に，その温度と脱離物の濃度の関係を測定すると TPR 曲線が得られる．また昇温反応法（TPR）では，吸着物のない触媒に反応性気体を流して昇温し，触媒自体を反応させれば，触媒表面の反応性の情報を得ることができる．例えば，担持した金属酸化物の還元特性を，水素気流中で判定することができる．

なお，TPR は，Temperature Programmed Reaction，Temperature Programmed Reduction など，用語の使い方もさまざまである．酸化雰囲気で TPO (Temperature Programmed Oxidation) が使われることもある．

### 6.5.4 吸着分子の赤外スペクトル測定

**a. 固体酸上の塩基分子**　一般のアミン吸着滴定法では，固体酸の量と強度は測定できるが，ルイス酸とブレンステッド酸との区別はできない．これらを区別するには，吸着した塩基分子の赤外スペクトルを測定することが有効な手段となる．固体酸にピリジンが吸着する場合，ブレンステッド酸点上では，$H^+$ と結合してピリジニウムイオンが形成される．ルイス酸点上には，配位結合ピリジンが形成される．また酸性を持たない表面の水酸基（$-OH$）と水素結合した中性の吸着ピリジンも形成される（図 6.13 参照）．これらは，表 6.1 に示したような波数に，特有の赤外吸収帯を示すので，赤外スペクトルで区別することができる．

**b. 金属上の CO**　吸着 CO の量が金属表面積を反映するのに対して，吸着 CO の赤外スペクトルは，CO の吸着形態と金属触媒の電子状態を反映する．linear 型，bridge 型，twin 型などの吸着形態（4.2.2 項）の違いは，赤外スペクトルで容易に区別できる．また吸着 CO の赤外スペクトルの波数は，金属の電子密度を反映していると考えられている．

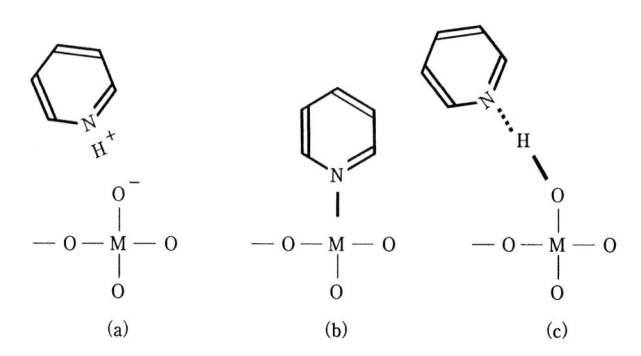

図 6.13　酸化物触媒に吸着したピリジンの状態
(a) B 酸点に吸着したピリジン(ピリジニウムイオン), (b) L 酸点に吸着したピリジン(配位結合ピリジン), (c) 非酸性水酸基に吸着したピリジン(水素結合ピリジン).

表 6.1  固体酸に吸着したピリジンの赤外吸収帯

| 水素結合ピリジン | 配位結合ピリジン | ピリジニウムイオン |
| --- | --- | --- |
| 1,440~1,447 (vs) | 1,447~1,460 (vs) | |
| 1,485~1,490 (w) | 1,488~1,503 (v) | 1,485~1,500 (vs) |
| | 1,540 (s) | |
| 1,580~1,600 (s) | ~1,580 (v) | |
| | 1,600~1,633 (s) | ~1,620 (s) |
| | ~1,640 (s) | |

vs : very strong,  s : strong,  w : weak,  v : vague.

### 6.5.5 特性評価のための典型的反応

同じ反応物から,触媒の種類によってまったく異なる生成物が得られることがある.例えば酸触媒と塩基触媒とでは,前者が脱水反応に活性を有するのに対して,後者は脱水素反応に活性を有する.そこで,アルコールのように脱水反応も脱水素反応もどちらでも起きる分子を反応させると,触媒が酸触媒なのか塩基触媒なのかが判別できる.以下にテスト反応の典型的な例を示した.

**a. アルコールの分解**　一般に酸触媒上では,脱水反応でオレフィンやエーテルが生じる.塩基触媒と金属触媒では脱水素反応でアルデヒドやケトンが生じる.イソプロパノールからは,プロピレンまたはアセトンが生じる.同様の反応として,ギ酸の分解で $CO+H_2O$ を与えるのが酸触媒で,$CO_2+H_2$ を与えるのが塩基触媒や金属触媒である.

**b. ブテンの異性化**　1-ブテンの異性化反応(二重結合の移動)で trans-2-ブテンおよび cis-2-ブテンが生成する.この反応は多くの触媒上で容易に起こる.平衡論的には trans の生成が有利だが,固体触媒表面上では cis が比較的多く生成しやすい.特に塩基触媒の場合,中間体のアリルアニオン ($C_4H_7^-$) は cis 型が有利であり,生成する 2-ブテンの cis/trans 比は 5 以上にもなる.金属触媒や酸触媒を用いた場合は,cis/trans は 1 に近く,水素またはプロトンの付加したアルキル型中間体 ($C_4H_8$, $C_4H_9^+$) を経由すると考えられている.

**c. クメンの分解**　ブレンステッド酸触媒では,アルキルベンゼンの脱アルキルが起きる.エチルベンゼンからエチレンが,クメンからプロピレンが分解生成する.一方,塩基触媒上では脱水素反応が起き,それぞれスチレン,α-メチルスチレンが生じる.このような反応は,クメンの分解のほうがエチルベンゼンより容易に起きるので,テスト反応にはクメンがよく用いられる.

## 6.6 機器分析によるキャラクタリゼーション

### 6.6.1 粉末法 X 線回折

触媒の粉末法 X 線回折（XRD：Xray Diffraction for Powder）は，主に三つの目的で行われる．すなわち固体触媒の物質同定，結晶構造の解析および粒子径の測定である．

複合酸化物触媒のように，触媒自体が結晶性の場合，調製した触媒の結晶構造を確認するのに XRD は不可欠な機器である（表 6.2 参照）．触媒として使う物質は通常，既知の物質なので，JCPDS カードなどのデータベースを検索し，比較することで物質の同定と結晶相の決定ができる．

もう一つの用途は，触媒の微視的な粒子径の測定である．XRD の回折線の幅は機器独自の特性に由来する分のほかに，試料の結晶子径と結晶の格子ひずみと

表 6.2　固体の構造解析に用いられる種々の分析機器

| 照射（探針） | 観測信号 | 分析法・測定装置 | 得られる情報 |
|---|---|---|---|
| γ 線 | 透過度 | メスバウアー分光法 | 電子状態 |
| X 線 | 回折 X 線 | X 線回折（XRD） | X結晶構造・結晶子径 |
|  | 蛍光 X 線 | 蛍光 X 線分析（XRF） | 定性・定量分析 |
|  | 透過 X 線 | EXAFS | 隣接原子，配位数 |
|  | 光電子 | X 線光電子分光（XPS） | 表面組成，原子価 |
| 紫外線 | 光電子 | 紫外線光電子分光（UPS） | 電子状態・バンド構造 |
|  | 透過度 | 可視・紫外線吸収スペクトル（UV） | 電子状態 |
| 赤外線 | 熱→音 | 光音響分光（PAS） | 結合状態 |
|  | 透過度 | 赤外スペクトル（IR） | 結合状態 |
| 電子線 | 光 | カソードルミネッセンス | 不純物，格子欠陥 |
|  | 透過電子 | 透過電子顕微鏡（TEM） | 粒子形状・結晶格子 |
|  | 非弾性散乱電子 | エネルギー損失分光（EELS） | 元素分析，表面状態 |
|  | 二次電子 | 走査電子顕微鏡（SEM） | 粒子形状・表面形状 |
|  | 回折電子 | 電子線回折（LEED） | 結晶構造 |
|  | 特性 X 線 | EPMA, EDX | 定性・定量分析 |
|  | オージェ電子 | オージェ電子分光（AES） | 表面組成，微小領域分析 |
| イオン線 | 散乱イオン | イオン散乱分光 | 表面組成 |
|  | 特性 X 線 | イオン励起 X 線分析 | 微量元素分析 |
|  | 二次イオン | 二次イオン質量分析（SIMS） | 二次元元素分布 |
| 探針 | トンネル電流 | 走査トンネル顕微鏡（STM） | 表面形状 |
|  | 原子間力 | 原子間力顕微鏡（AFM） | 絶縁体の表面形状 |

の影響を受けている．シェラー（Scherrer）の式は結晶子径と回折線幅との関係を示す．

$$d = \frac{K\lambda}{\Delta(2\theta)\cos\theta} \qquad (6.11)$$

ここで $\lambda$ は X 線波長．$K$ は比例定数で，粒子形状などによって 0.9～1.4 の範囲となるが，通常は 1 と見なしてよい．$\Delta(2\theta)$ はピークの半値幅（rad）から機器固有の線幅を引いたもの．$d$ は結晶子径である．100 nm 以上の粒子では半値幅が小さくなり測定は難しくなる．また 2 nm 以下でも回折線自体が不明確になりやすい．

シェラーの式で，触媒の粒子径を測定しようとする場合の注意事項は，以下のとおりである．

(1) この式で計算されるのは元来，粒径ではなく結晶子径である．個々の微粒子がおのおの結晶子に対応していれば粒径と一致するが，結晶子が集まって触媒粒子を形成する場合は正しい粒径とならない．

(2) 回折線の幅には，結晶子径とともに格子ひずみの影響も反映される．単純な系では微粒子内の格子ひずみは無視できるが，固溶した合金系や還元された酸化物のように，結晶格子がひずみを含んでいる場合は，格子ひずみの影響を切り分けたうえで粒径を計算しなければならない．

### 6.6.2 電子顕微鏡

走査型電子顕微鏡（SEM）や透過型電子顕微鏡（TEM）も，触媒の粒径測定に有力な手段である．ほかの粒径測定法や表面積測定が粒径の平均値を与えるのに対して，電子顕微鏡での観察は個々の粒子の径と，その分布を見ることができる．電子顕微鏡で観察する大きな利点は，粒子の形状を直接確認できることである．ほかの方法の多くが，球形粒子として近似的に扱うが，実際の粒子は針状だったり薄片状だったりする．一方，電子顕微鏡で観察するのは，試料のごく一部にすぎず，しかも通常，試料の形状が最もよく観察でき，見栄えする写真の撮れる部分である．それが全体を代表する部分として適当であるかどうかをたくさんの視野で観察して，十分に確認しなければならない．

図 6.14 に担持 Pt‐Au 触媒の TEM 像を示した．TEM は，高倍率での観察に優れ，図 6.14 のように原子レベルでの観察も可能だが，試料作成に技術と経験

が要求される場合がある．一方，SEM は高倍率での原子レベルの観察は困難だが，試料作成をはじめ扱いが比較的容易である．

最近の電子顕微鏡は，元素分析装置をそなえており，形状だけでなく試料の微小領域の組成分析も可能となった（分析電子顕微鏡）．元素分析の原理は，電子線を受けて試料から放出される蛍光 X 線を測定することである．蛍光 X 線の分析の仕方で 2 種類の機器がある．一つは，波長分散型の機器である．試料から放出される蛍光 X 線を分光結晶に通し，回折する角度から X 線の波長を測定する．

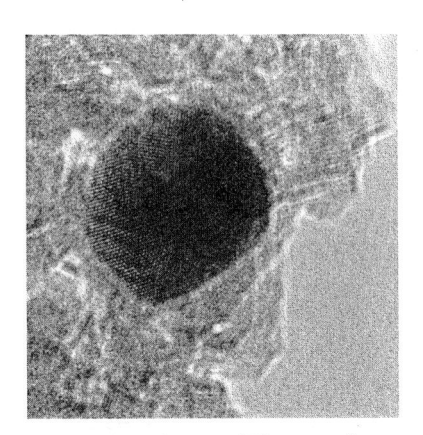

**図 6.14** 担持 Pt-Au 触媒の TEM 像
Pt 粒子の外側を Au が覆ったチェリー型の粒子．

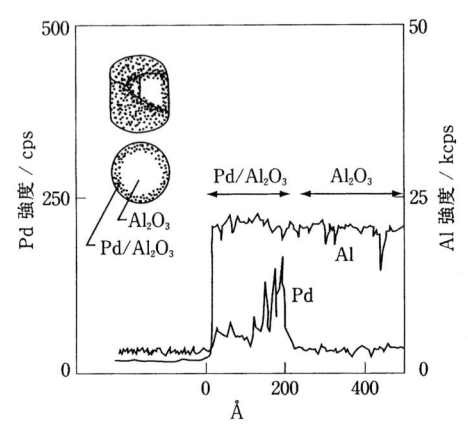

**図 6.15** EPMA による egg shell 触媒の分析
横軸の 0 はペレットの外表面．Pd は表面から 200 Å の領域にのみ担持されている．

この方法は X 線の分解能と定量性が良好である．波長分散型の検出器をそなえ，分析に有利なように電子線の強度を高めた装置は，EPMA（Electron Probe Micro Analysis）と呼ばれて広く用いられる．ほかの一つは，エネルギー分散型（EDX：Energy Dispersive X-ray spectroscopy）の機器である．蛍光 X 線の持つエネルギーを，半導体検出器によって測定する．微弱な信号に対して高感度であり，測定時間も短いが，X 線の分解能や定量性では波長分散型に劣る．

これらの機器を用いることで，触媒の平均組成のみならず，特定部分の局所的分析も可能となり，egg shell 型触媒の金属分布（図 6.15）や，触媒表面に析出した毒物の分布なども詳細に調べられるようになった．

### 6.6.3 X 線光電子分光法

固体触媒の状態解析の上で，表面の組成や原子価を測定することは非常に重要である．単一成分の触媒でも，表面上の微量不純物成分が重要な働きをすることがある．多成分系触媒の場合は，表面組成が内部の組成と異なることはしばしば見られることである．X 線光電子分光法（XPS：X-ray Photoelectron Spectroscopy）とオージェ電子分光法（AES：Auger Electron Spectroscopy）とは，表面分析のための最も有力な機器である．

試料に，適当なエネルギーの X 線や電子線を照射すると，試料を構成する原子の内殻電子が，照射された X 線などのエネルギーを吸収し，試料から光電子が放出される（図 6.16）．この光電子の運動エネルギー（つまり飛行速度）を測

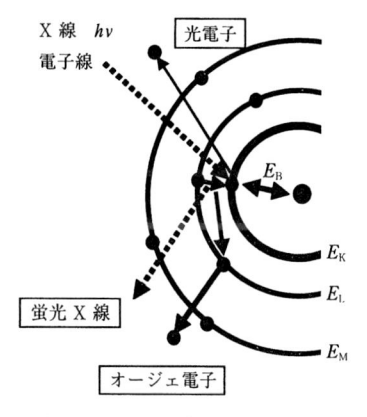

**図 6.16** XPS と AES における光電子とオージェ電子の放出

定すれば，元の電子の結合エネルギーがわかる．

$$h\nu = BE + KE \tag{6.12}$$

ここで，$h\nu$：X線のエネルギー，$BE$：結合エネルギー，$KE$：運動エネルギー．

結合エネルギーがわかれば，その電子を放出した原子の種類が明らかになるので組成分析ができる．エネルギーの小さい軟X線を照射して放出される光電子は，脱出深さが短いので，表面のごく薄い層（数Å～数十Å）からの電子しか検出されない．したがって，ここで測定される組成は，表面組成である．また原子価が変わると結合エネルギーがわずかに変化するので，原子価や電子密度の増減の測定も可能である．

内殻電子が光電子として飛び出したあとには，より外殻から電子が落ちてくる．そのときの余ったエネルギーは，X線（蛍光X線）として放出される場合と，同じ軌道の電子に与えられる場合とがある．同じ軌道の電子に与えられると，その電子は原子から飛び出してしまう．このような光電子を「オージェ電子」と呼ぶ．K殻の空孔にL殻から電子が落ち，L殻の電子が放出されたとき，この光電子をKLLオージェ電子と呼ぶ．その運動エネルギーは次式で表わされる．

$$KE = (E_K - E_L) - E_L' \tag{6.13}$$

ここで，$E_K - E_L$はL殻とK殻とのエネルギー差を意味し，$E_L'$はオージェ電子の結合エネルギーを表わす．

試料にX線を照射し，光電子を観測する方法がXPS，または電子分光法（ESCA：Electron Spectroscopy for Chemical Analysis とも呼ばれる）である．試料に電子線を照射し，飛び出してくるオージェ電子を観測する方法がAESである．

照射するX線と電子線とを比較すると，電子線は微細なビームに絞りやすいので，AESは局所分析に優れている．一方，XPSはAESより，周囲の状態により影響を受けやすい．特に原子価状態の影響を受けやすいので，その元素がどのような酸化数を取っているか決定しやすい．XPSもAESも，放出される電子の透過能力は高くないので，表面のごく近傍で発生した場合のみ，試料から放出され検出される．これらの機器では，照射するビームの浸透する深さではなく，信号電子の脱出深さが分析の領域を決めている．電子の脱出の深さは5～50Å程度とされており，表面から数原子～数十原子層ほどの表面分析である．

UPS（Ultra-violet Photoelectron Spectroscopy）は，XPSにおけるX線の代

わりに紫外線（UV）を照射して，発生する光電子のエネルギーを調べる装置である．UV は X 線よりエネルギーが小さいので，内殻電子を放出させる力はなく，外殻電子やバンド内の電子の放出となる．外殻電子は環境の影響を強く受ける．また電子材料のバンド構造の研究に利用される．

### 6.6.4 蛍光 X 線分析（XRF：X-ray Fluorescence）

試料に X 線を照射すると，試料に含まれる元素に対応した波長の蛍光 X 線が発生する（図 6.16）．発生した蛍光 X 線の波長を調べれば，試料に含まれる元素の定性・定量分析ができる．非破壊で短時間に多元素を同時分析できる方法である．蛍光 X 線強度は組成に比例するが，試料の表面状態や試料成分によっても左右される．同じ組成であっても試料の粒径などにより強度が変化し，検量線が直線から逸脱することがある．このようなマトリックス効果の影響を考慮して，対照試料の検量線を作成すれば，触媒組成の分析には有効な手段となる．

### 6.6.5 X 線吸収端微細構造スペクトル

試料に X 線を照射し，光電子が飛び出してくることと対応して，X 線はある波長を境に試料に吸収される．X 線の吸収強度が急に立ち上がるエネルギーを吸収端という．吸収端付近は複雑な形をした微細構造を持っている．また吸収端から数百 eV の範囲には特有の波うちが見られる．前者を XANES(X-ray Absorption Near Edge Structure) と呼び，後者を EXAFS (Extended X-ray Absorption Fine Structure) と呼ぶ．XANES は原子の電子状態や配位原子の種類・結合などを反映している．EXAFS は対象原子の局所ナノ構造，すなわち結合距離や配位数，構造の乱れなどを反映している．これら二つを合せて，XAFS と呼ばれる．

測定にはさまざまな波長を含む，連続 X 線の発生源が必要である．これにはシンクロトロン放射光が適しており，高エネルギー加速器研究機構や，高輝度光科学研究センター（SPring 8）の放射光研究施設が利用されている．一般の実験室では，回転対陰極型の X 線発生装置をそなえた「実験室系 EXAFS 装置」が用いられ，普及してきている．EXAFS では吸収スペクトルから EXAFS 振動を抽出し，さらにフーリエ変換すると，注目する原子を中心とした原子間距離と分布状態との関係が得られる．このデータから，隣接原子の種類と原子間距離，配

位数などの情報が得られる.

### 6.6.6 固体 NMR

固体触媒の解析に用いられるのは,固体高分解能核磁気共鳴吸収スペクトルである.磁場に対して 54.7°の角度(magic angle)で試料を高速回転させると,固体試料でもきれいな NMR スペクトルが得られる(MAS-NMR:Magic Angle Spinning NMR とも呼ばれる).測定対象となる核種は限られており,触媒分野では $^{29}$Si, $^{27}$Al, $^{31}$P, $^{119}$Sn などである.得られる情報は表面だけでなく固体内部も含まれる.

固体触媒への応用で最も用いられるのが,ゼオライトの Al や Si の局所構造解析である.MAS-NMR によって,Al のまわりの酸化物イオンの配位数がわかる.4 配位の Al はゼオライト骨格内にあることがわかる.6 配位の Al は骨格から離脱したものと考えられる.また Si についても,隣接する Al の数によってスペクトルが異なるので,Si-O-Al 結合の数が推定できる.

# 7

## 触媒の調製と機能評価

### 7.1 触媒調製

本節では,固体触媒の調製法を中心に,その要点を述べる.

#### 7.1.1 固体触媒の調製

固体触媒をつくる作業は,通常,「調製」と呼ばれる.有機物や錯体と違って「合成」とはいわれないのは,対象物が純物質でなく,多成分が複雑に絡んだ構造体となることが多いからであろう.固体触媒の反応の場は表面なので,比表面積が大きいことが望まれる.したがって,多くの固体触媒は,微細な粉末や多孔質体である.また多成分系触媒の場合は,表面に露出した成分だけが直接反応に関与するので,有効成分が表面に存在する必要がある.同じ理由から,添加物や不純物も表面にあるか否かによって効きめが大きく違ってくる.そこで固体触媒の調製は,比表面積の大きい固体をつくり,その表面構造をコントロールすることが望まれる.

触媒調製の過程には,固相・液相・気相やこれらの界面が複雑に絡んだ過程が多く含まれている.また調製の過程で,多数の物理変化・化学変化が平行的かつ逐次的に起きる.その間,わずかな条件設定の違いによって,進行度のバランスが微妙に変わる.例えば担持金属触媒を還元する場合,昇温の過程で担体表面からの脱水,前駆体の変化,還元・脱離ガスの除去などの過程が次々に起きるが,昇温速度によってはこれらの過程が,逐次的でなく,同時に起こり,しかもその速度もそれぞれ異なる.その結果,得られた触媒の性能は調製過程のわずかな違いによって,再現性が得られなくなることもしばしば生じる.再現性よく触媒を調製することは重要であるが,必ずしも容易なことではない.ここでは,典型的

な触媒の調製法の具体例について，その背後にある調製のための原理を説明する．

### 7.1.2 代表的な触媒の調製法とその原理

**a. ラネーニッケル触媒** 第3章ですでに述べたラネーニッケルは，AlとNiとの合金であるが，この合金をNaOHのアルカリ水溶液などで溶解すると，Alのみが溶解してNiの金属が残留する．Alのぬけがらが細孔となるので，多孔質・高表面積で非常に活性の高い触媒が得られる．担体を用いない金属触媒を，高表面積の状態で得るための代表的な方法である．多孔質の粉体を調製する方法の一つが，このように，前駆体の固体から成分の一部を放出させ，細孔を形成させる手法である．同様の方法でCu，Co，Ruなどのラネー触媒が調製され，ニトリル，カルボニルなど，有機物の水素化反応に広く用いられる．

**b. マグネシア触媒** マグネシウムの水酸化物，硝酸塩，酢酸塩などを分解すると，気体を放出して軽石のような細孔が形成され，高表面積のマグネシア（MgO）が得られる．これは固体塩基触媒として用いられる．しかし，分解過程で酸性気体が放出される場合には，MgOに強く吸着して塩基点の形成を阻害するので，高温で気体分子を脱離させる必要がある．前駆体の種類によっては，この脱離処理に必要な温度が高温であるために，表面積の減少を招く．水酸化物を用いた場合は水蒸気が放出されるが，原料中の硫酸根や塩素など，不純物がMgO上に残留し悪影響を与えやすい．分解温度を高くすれば塩基点は生成しやすいが，シンタリングも進行しやすくなる．したがって，塩基性や触媒活性には最適の分解温度がある．空気中には水蒸気や$CO_2$が含まれているので，空気中の焼成より加熱排気処理のほうが有利である．触媒調製の際に用いる原料成分や処理ガスから，表面を汚染する不純物が導入されることはしばしば起こるので，慎重な選択が求められる．

**c. 複合酸化物触媒－共沈法** 多くの金属イオンはpHを高くすると水酸化物として沈澱するので，それを利用した共沈法がよく行われる．すなわち，2種類の金属イオンを含む混合水溶液に塩基を加えて水酸化物を同時に沈澱させ，この沈澱物を特定の雰囲気と温度で焼成することで，さまざまな複合酸化物が調製される．例えば，硝酸ビスマスとモリブデン酸アンモニウムの混合水溶液に，アンモニア水を加えて沈澱させ，ろ過・水洗して乾燥したのち，空気中で焼成して得られる$Bi_2O_3$と$MoO_3$の複合酸化物（図7.1）は，ソハイオ（Sohio）触媒と

**図7.1** 共沈法で調製した複合酸化物（$Bi_2M_0O_6$ の SEM 写真）

も呼ばれ，プロピレンのアンモ酸化反応などに用いられる．

　共沈法の場合，沈澱段階での組成の均一性が問題である．塩基水溶液を滴下すると，滴下液の中心は塩基性だが，混合域は pH に勾配が生じる．この領域で沈澱が生じ，次第に混合されていく．沈澱剤の混合状態によって pH が変動するので，実際の沈澱生成時の pH にはむらがある．これを防ぐために，均一の溶液から塩基を徐々に生成させ，均一な条件下で沈澱を生成させることも行われる．例えば，アンモニア水を滴下する代わりに尿素水溶液を加え，尿素の分解で生じるアンモニアを利用する方法である．

　**d. 担持金属触媒－含浸法**　　金属の超微粒子やクラスターは，それ自体が化学的に活性であり，凝集して表面積が減少しやすいので，多くの場合，酸化物などに担持して用いる．担持金属触媒を作る最も簡便な方法として，含浸法がしばしば採用される．例えば塩化白金酸を原料として $Pt/Al_2O_3$ を調製する場合，塩化白金酸の水溶液に $Al_2O_3$ を浸し，ロータリエバポレーターなどで水を蒸発させ，さらに乾燥器で十分に乾燥する．これを直接，水素還元するのも可能だが，一度空気中で焼成処理して酸化物とすると，還元がより容易になる．ただし Ru 担持触媒の場合には，昇華性の $RuO_4$ を生じ，粒子成長や散逸が起こるので，酸素雰囲気にさらさないように注意し，酸化処理をせずに水素還元する．

　貴金属担持触媒の多くは塩化物を原料とすることが多いが，残留塩素がしばしば触媒活性に影響する．そこで，非ハロゲン系の原料，ジニトロジアンミン錯体 $Pt(NO_2)_2(NH_3)_2$，$Pd(NO_2)_2(NH_3)_2$ などが推奨される．Ni など多くの卑金属の

場合は硝酸塩を用いることが多い．

　分散度の高い担持金属触媒を調製する際のポイントは，前駆体と担体表面との相互作用である．前駆体が担体上で移動性を持つと，水素還元の段階で，先に生成した近傍の金属粒子が還元の起点となり，粒子成長が進行する．前駆体の移動を抑制することで，高分散な金属触媒が得られる．しかし前駆体と担体との結合が強すぎると，還元が進行しなくなってしまう．例えば $Co/Al_2O_3$ 触媒を還元前に酸化コバルトの状態で高温焼成すると，Co が $Al_2O_3$ に固溶あるいはスピネル ($CoAl_2O_4$) 形成して，金属への還元が進まなくなる．

　担体との相互作用は，溶液から前駆体が担持される過程でも重要で，担体表面との親和性に乏しい前駆体を含浸法で担持すると，単に前駆体の結晶と担体の混合物になってしまう．逆に担体表面に強く吸着する前駆体を，粒径の大きい担体に担持しようとすると，粒子内部まで浸透する前に担体表面に捕捉され，担体粒子の外表面近傍にだけ担持された egg shell 型触媒となる．偏在して担持された部分だけは担持量が大きくなるので，高分散にはなりにくい．

　酸化物担体の表面の水酸基（－OH）と金属イオンとは，溶液の pH によって異なった相互作用を示す．溶液の pH によって酸化物表面の OH 基には，$H^+$ が付加したり脱離したりして，次式のような平衡が成立する．

$$M^+\text{-}OH_2 \rightleftarrows M^+\text{-}OH^- \rightleftarrows M^+\text{-}O^{2-}$$
$$\text{（酸性側）}\quad \text{pH 低} \rightleftarrows \text{等電点} \rightleftarrows \text{pH 高}\quad \text{（塩基性側）}$$

固体表面の OH 基は，酸性の強さに分布があるので，実際には上記3種の状態が混在している．$M^+\text{-}OH_2$ と $M^+\text{-}O^{2-}$ とがバランスした状態のときの pH を等電点と呼ぶ．等電点より酸性側では表面に陰イオンが吸着される．逆に塩基性側では $M^+\text{-}O^{2-}$ に陽イオンが吸着される．各種担体の等電点を表7.1に示した．多くの金属塩は，金属の陽イオンを含むので，等電点より高い pH 域で担体表面に固定される．しかし，Pt 原料として最も多く用いられる $H_2[PtCl_6]$ は，陰イオン前駆体である．$SiO_2$ は等電点が特に低いため $H_2[PtCl_6]$ を前駆体に用いると，$Al_2O_3$ 表面には吸着されるが $SiO_2$ 表面には吸着されない．一方，$[Pt(NH_3)_4]Cl_2$ は陽イオン前駆体であるので，イオン交換法の場合に適切な原料である．

　多くの担持金属触媒は含浸法で調製される．しかし含浸法といっても，さまざまなバリエーションがある．

（1）蒸発乾固法：　担体を過剰の含浸液に浸したあと，煮詰めて乾燥させる方

表 7.1 担体に使われる酸化物の等電点

| 担体 | 等電点 (pH) |
|---|---|
| $SiO_2$ | 1.0〜2.0 |
| $SiO_2$-$Al_2O_3$ | 〜3.9 |
| $TiO_2$ | 5〜6 |
| $ZrO_2$ | 〜6.7 |
| $Cr_2O_3$ | 6.5〜7.5 |
| $Al_2O_3$ | 7.0〜9.0 |
| ZnO | 8.7〜9.7 |
| MgO | 12.1〜12.7 |

法で, 通常, 含浸法といえばこの方法のことである. 担持量は含浸液の濃度と量で自由に調節できるが, 担持量が多いと前駆体が結晶化しやすく, 均一な高分散触媒にはなりにくい.

(2) 平衡吸着法: 含浸したあと, 担体表面に吸着されなかった成分をろ過して除去する方法. むらはなくなるが, 担持量の制御が自由にはならない.

(3) Incipient wetness 法: 含浸溶液の量を最小限に抑え, 担体表面の全体にゆきわたったところで添加を止める方法. あらかじめ担体の細孔容積を測定しておき, 細孔を埋めるのに過不足ない量の含浸液を用いる pore filling 法や, 担体表面に含浸液をスプレーで吹き付けるスプレー法もある.

**e. ゾル-ゲル法による触媒調製**　セラミックスなどの無機材料を, 固相反応法で調製する場合, イオンの拡散などの固相内物質移動が遅く, 律速となりやすい. ゾル-ゲル法は, 金属のアルコキシドを原料に用いて, 溶液の段階で構造設計を行い, それがそのまま固体の構造に反映されるように工夫した合成法で, ガラスや無機薄膜, 無機繊維の合成法として開発された. この方法は, 無機合成の手段のなかでも, 非結晶質の合成を指向する方法なので, 高表面積を必要とする固体触媒の調製にも好適である. 実際 $SiO_2$, $Al_2O_3$ などの担体, $SiO_2$-$Al_2O_3$, $TiO_2$-$SiO_2$ などの複合酸化物, $Ni/SiO_2$ などの担持金属触媒などと広範な種類の触媒が, ゾル-ゲル法で調製されている.

ゾル-ゲル法を担持金属触媒の調製に用いると, 均一な粒径の, 高分散金属粒子からなる触媒を得ることができる. $Ni/SiO_2$ 触媒の調製の場合の手順を以下に示す (図 7.2).

(1) まず, 硝酸ニッケルをエチレングリコールに溶かすと, $Ni^{2+}$ とエチレングリコールとでアルコキシドができる.

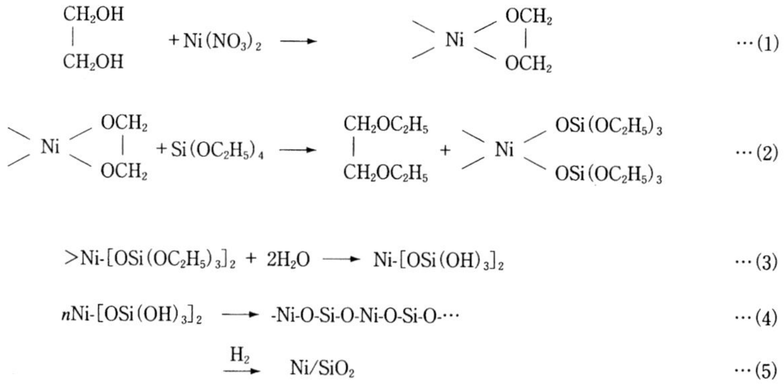

$$\begin{CD} \begin{matrix} CH_2OH \\ | \\ CH_2OH \end{matrix} + Ni(NO_3)_2 @>>> \quad >Ni< \begin{matrix} OCH_2 \\ | \\ OCH_2 \end{matrix} \end{CD} \quad \cdots (1)$$

$$>Ni< \begin{matrix} OCH_2 \\ | \\ OCH_2 \end{matrix} + Si(OC_2H_5)_4 \longrightarrow \begin{matrix} CH_2OC_2H_5 \\ | \\ CH_2OC_2H_5 \end{matrix} + >Ni< \begin{matrix} OSi(OC_2H_5)_3 \\ \\ OSi(OC_2H_5)_3 \end{matrix} \quad \cdots (2)$$

$$>Ni\text{-}[OSi(OC_2H_5)_3]_2 + 2H_2O \longrightarrow Ni\text{-}[OSi(OH)_3]_2 \quad \cdots (3)$$

$$n Ni\text{-}[OSi(OH)_3]_2 \longrightarrow \text{-Ni-O-Si-O-Ni-O-Si-O-}\cdots \quad \cdots (4)$$

$$\xrightarrow{H_2} Ni/SiO_2 \quad \cdots (5)$$

**図 7.2** ゾルゲル法による Ni/SiO$_2$ の調製
(1) エチレングリコールに Ni(NO$_3$)$_2$ が溶解,(2) OSi(OC$_2$H$_5$)$_3$ と反応,(3) 徐々に加水分解,
(4) 乾燥・焼成,(5) 還元.

(2) これにケイ酸エチルを加えると,-O-Si-O-Ni-O-Si-(OC$_2$H$_5$)$_3$ のような結合ができる.

(3) さらに水を加えて加水分解すると,末端のエトキシ基が水酸基に置換され,

(4) 乾燥・焼成によって水酸基同士が脱水縮合を繰り返すと,3 次元的に -O-Si-O-Ni-O-Si- 結合が成長しゲル状になる.

(5) このゲルを乾燥し 500 ℃ で焼成したのち,水素還元すれば Ni/SiO$_2$ が得られる.

**f. ゼオライトの合成** ゼオライトは,水熱法によって合成される.水熱法は水晶やルビーなど,セラミックスの単結晶を合成するために開発された.常温付近では水に溶けない物質も,高温,高圧の水にはわずかに溶解性を示し,安定な状態に向けて化学反応が進行し,結晶化する.ゼオライト合成の場合は,主に 250 ℃ 以下の温度で,オートクレーブ中で行われる.

合成原料は,① シリカ源(ケイ酸ナトリウム,アエロジルシリカ,アルコキシドなど),② アルミナ源(硫酸アルミニウム,アルミン酸ナトリウム,アルコキシドなど),③ アルカリイオン(NaOH),④ さらに鋳型剤 (template) として,例えば,TPA(テトラプロピルアンモニウム)などを加えることがある.A 型,X 型,Y 型などの Al の多いゼオライトは鋳型剤なしに合成されるが,ZMS-5 や β 型など高シリカゼオライトは,鋳型剤の使用によって合成が可能になった.ZSM-5 の場合,SiO$_2$/Al$_2$O$_3$ = 25〜35,Na$_2$O/Al$_2$O$_3$ = 1〜2,TPA/Al$_2$O$_3$ = 2

~20, $H_2O/(Na_2O+TPA) = 20\sim40$ の組成のものを $100\sim175\,°C$ に保つことで合成される.

**g. ゼオライトのイオン交換修飾** 合成したゼオライトは通常,合成時に用いた $Na^+$ を含む.この $Na^+$ はイオン交換可能である.Y 型ゼオライトやモルデナイトなどの市販品も,多くは Na 型である.そこで $Na^+$ を,種々の金属イオン $M^{n+}$ や $NH_4^+$ などの陽イオンで交換することにより,種々の金属種の導入や,固体酸性の発現,細孔径の制御などが可能で,さまざまな触媒機能を導くことができる.例えば固体酸触媒とするには,$Na^+$ イオンを $NH_4^+$ イオンで交換し,この $NH_4$ 型ゼオライトを加熱排気すると,$NH_3$ が脱離し,残った $H^+$ によってブレンステッド酸点ができる.このようなゼオライトをプロトン型と呼び,Y 型 (HY),モルデナイト型 (HM) などは市販品も供給されている.

イオン交換は,$NH_4NO_3$ や $(NH_4)_2SO_4$ などの水溶液に,NaY など Na 型ゼオライトの微粉末を懸濁させ,湯浴上で数時間放置して行う.溶液を新しいものに代えて数回,イオン交換の操作を行う.ろ過・洗浄ののち十分に乾燥してから,$550\,°C$ で数時間,空気中で焼成を行う.イオン交換の操作は,ゼオライトの骨格構造にも影響を与えやすいので,イオン交換率を高くしたいときには十分に注意が必要である.

$Na^+$ から $Ca^{2+}$,$Ni^{2+}$ などの金属イオンに交換する場合も,同様の操作で行われる.むしろ $NH_4^+$ の場合より,イオン交換は容易である.白金担持ゼオライト触媒を調製する場合,塩化白金酸 $H_2[PtCl_6]$ は Pt が陰イオン側にあるので用いられず,$[Pt(NH_3)_4](NO_3)_2$ のような陽イオン錯体が原料に用いられる.

**h. メソポーラスシリカの合成** 界面活性剤分子の集合体を鋳型剤としてうまく利用すると,蜂の巣状の細孔構造と $1,000\ m^2\cdot g^{-1}$ 以上の高表面積を持つ,メソポーラスシリカ MCM-41 が合成できる.ゼオライトの水熱合成では,有機アミン(アルキルトリメチルアンモニウム塩)のような界面活性剤を鋳型剤に用いる.適当な濃度条件下では,界面活性剤は親水基を外側にした円筒状の分子集合体(ミセル)を形成する(図 7.3 (a)).

この分子集合体を鋳型剤に使い,外側に $SiO_2$ の壁をつくると,集まって蜂の巣状の構造ができる.焼成によって鋳型剤を除去すると,非結晶質の $SiO_2$ が蜂の巣状の細孔構造を保ったものが得られる.この細孔径は従来のゼオライト(細孔径 $0.2\sim1.0\ nm$)より大きく,ゼオライトには入り込めない分子も細孔内に

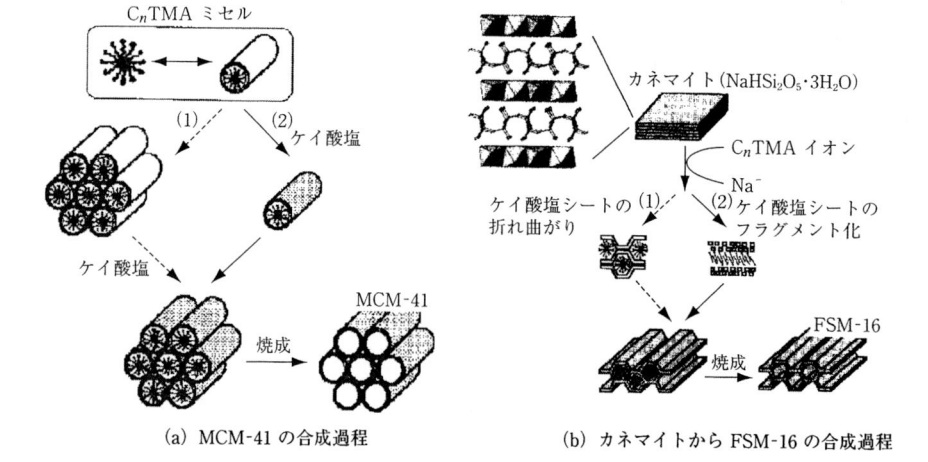

図 7.3 メソポーラス物質の合成過程（小野・八嶋：ゼオライトの科学と工学, 講談社サイエンティフィク, p.15, 16, 1989）

(a) MCM-41 の合成過程
(b) カネマイトから FSM-16 の合成過程

入るので，メソポーラスシリカと呼ばれる．メソポーラスシリカにはこのほかに，カネマイトという層状のケイ酸塩からつくる FSM-16 と呼ばれるものもある．FSM-16 の調製は図 7.3(b) のように，層状ケイ酸塩の層間に界面活性剤を浸入させ，蜂の巣状の構造をつくり，焼成して界面活性剤を取り除く方法である．

## 7.2 触媒反応特性の評価

触媒は目的とする化学反応を促進し，副反応を制御するために用いられるので，触媒反応の特性を明らかにすることは，触媒を開発するうえでも，触媒を工業的に利用するうえでも重要な作業である．触媒の特性として重要なのは，①活性，②選択性，③寿命，の三つの要素である．さらに，最近では低環境負荷性も求められることはすでに述べた．

### 7.2.1 活性試験

触媒活性は，触媒上で進む化学反応の速度で示される．しかし反応速度は，反応物の濃度，分圧などで変化するので，より正確には反応速度定数で表わすことが望ましい．すなわち，同じ温度で比較して速度定数が大きいほど，高活性な触媒であるという．しかし速度式がどのように表わされるか明らかでない場合も多

く，反応速度自体が活性の尺度として使われることが多い．

　反応速度は，転化率と反応時間（または接触時間（7.3.2項））の比で計算される．転化率が低い場合は，転化率と反応時間は比例するので，どの転化率で測定しても同じ値が得られる．この値を，「初速度」といい，触媒の活性を表わす固有の値となる．転化率が20%，30%，……と高くなると，反応時間と比例しなくなることが多いので，測定した転化率によって反応速度は違うようになる．さらに転化率が90%を超えたような領域では，反応時間による転化率の変化は小さくなるので，活性の評価としては不適当である．転化率が100%に近いときは，もはや活性試験とは呼べない．

　反応速度は通常，触媒重量当たりで表わされる．ただし反応装置の設計の場合には，触媒の体積のほうが重要なので，工業触媒では，単位体積当たりの反応速度で表わされることがある．固体触媒の場合，反応場は固体の表面なので，表面積当たりの反応速度で表わしたほうが，試料の表面積の大小の影響が排除され，より本質的な比較ができる．単位表面積当たりの反応速度を，「比活性」として用いることがある．さらに，同じ表面積でも活性点の数は触媒によって異なる．そこで，触媒表面の活性点の数が測定できれば，ターンオーバー頻度（TOF，第1章参照）をベースにして，より本質的な議論にも役立てることができる．

　固体触媒上での反応の過程は複雑である．これらの過程を大きく分けると，物理的な拡散の過程と化学的な吸着や表面反応の過程とに分かれる．触媒の活性試験で重要なのは，拡散過程の影響を排除し，純粋な触媒による化学変化の速度を計測しなければならないことである．最も高活性な触媒を用いて得た高い反応速度でも，拡散の影響を受けていないことが証明できれば，ほかの触媒や反応条件での実験でも影響がないと考えられる．実際の工業触媒の場合には，式(7.1)で表わされる触媒有効係数 $\eta$ を考慮し，細孔内拡散の影響がある場合の活性と真の触媒活性とを区別して扱う．

$$\eta = \frac{実際に測定された反応速度}{細孔内拡散の影響がない反応速度} \quad (7.1)$$

## 7.2.2　選択性

　すでに述べたように，触媒の働きで重要なのは，起こり得る化学反応のなかから，目的とする特定の反応だけを選択的に進行させることである．例えばエチレ

ンと酸素との反応の生成物として，触媒と反応条件によってさまざまな含酸素化合物が生成する．

$$CH_2=CH_2 + O_2 \longrightarrow \underset{O}{CH_2\text{-}CH_2}, CH_3CHO, CH_3COOH, CO, CO_2, H_2O \tag{7.2}$$

酸化エチレンやアセトアルデヒドなど，有用な含酸素化合物を選択的に，効率よくつくる触媒が工業的に用いられている．

$$CH_2=CH_2 + \frac{1}{2}O_2 \longrightarrow \underset{O}{CH_2\text{-}CH_2} \quad (Ag/Al_2O_3\text{ 触媒}) \tag{7.3}$$

$$CH_2=CH_2 + \frac{1}{2}O_2 \longrightarrow CH_3CHO \quad (PdCl_2\text{-}CuCl_2\text{ 触媒，ワッカー法}) \tag{7.4}$$

$$CH_2=CH_2 + \frac{1}{2}O_2 \longrightarrow CH_3COOH \quad (Pd\text{-}Se\text{-}\text{ヘテロポリ酸触媒，昭電法}) \tag{7.5}$$

実際には，望みどおりに目的物だけが生成するわけではなく，副反応が起きて $CO_2$ などが副生する．ここで，用いた原料の物質量に対する目的生成物の物質量を「収率」，消費した原料のうち目的物に変換した割合を「選択率」として表わし，触媒性能の重要な指標となる．

$$\text{転化率} = \frac{\text{反応で消費された原料の物質量}}{\text{原料の物質量}}$$

$$\text{収　率} = \frac{\text{目的の生成物の物質量}}{\text{原料の物質量}}$$

$$\text{選択率} = \frac{\text{目的の生成物の物質量}}{\text{反応で消費された原料の物質量}}$$

$$\text{収　率} = \text{転化率} \times \text{選択率}$$

副反応は，原料分子が反応して起きる場合（主反応と並列）と，目的生成物がさらに反応して起きる場合（逐次反応）とに分けられる．並列反応でのみ副生成物が生じ，両方の反応が同じ反応次数を有する場合は，転化率によらず一定の選択率を示すが，それ以外の大部分の場合は選択率は転化率によって変わる．したがって，異なる触媒の間で選択性を比較する場合は，ほぼ同じ転化率での選択率を測定しなければならない．

### 7.2.3 寿　命

理想的な触媒は，反応中に自身は変化しても必ず元の状態に戻り，繰り返し化学反応を促進するものである．しかし現実には，反応系内におかれると，さまざまな理由によって変化を起こし，その機能が低下してしまう．このような現象を触媒の劣化（deactivation）という．劣化の原因は非常に多岐にわたるが，典型的なのがシンタリング（sintering）によるものと，被毒（poisoning）によるものである．

**a. シンタリング**　固体微粒子を加熱した場合，融点より低温で物質移動が起こり，その結果，粒界の減少，粒子成長，緻密化や細孔閉鎖等が起こる焼結（半融）のことである．触媒の場合には，より広い意味で，高温で表面積が減少することをシンタリングと呼んでいる．触媒に用いる材料は，できるだけ表面積の大きい，非結晶質ないし微結晶の集合体のものが選ばれることが多い．このような材料は表面エネルギーが大きく，いわゆる活性が高いので，高温にさらされると結晶成長し表面積が減少する傾向がある．表面積が減少すれば，反応の場が減り，有効な活性点の数も減少するため，全体の触媒活性は低下する．

シンタリングによる劣化は，高温反応に使われる触媒でしばしば深刻な影響を与える．また水蒸気中などの雰囲気や，アルカリ金属などの触媒成分によっても化学的にシンタリングが促進されることも多い．シンタリングの速度は，物質の融点と温度との関係で決まるので，シンタリングを抑制するには，触媒成分中から融点を低下させる成分を極力除去することが求められる．

触媒全体がシンタリングを起こすほかに，担持金属触媒の場合は触媒活性を担う，金属粒子のシンタリングも問題である．担体上に分散された金属の微粒子が粒成長するのは，担体上の物質移動が関係している．

この移動メカニズムとして，2種類あることが知られている（図7.4）．その一つは金属粒子から金属原子が飛び出し，気相（蒸発-凝縮）経由で移動，または担体上を表面移動して，より大きな金属粒子に取り込まれる機構で，「原子移動機構」と呼ばれる．もう一つは，粒子自体が担体上を移動して粒子同士が合体して，より大きな粒子になる「粒子移動機構」である．同じ触媒でも低温側では粒子移動機構が，高温側では原子移動機構が起きやすい傾向がある．$Pt/Al_2O_3$触媒が高温にさらされ，$Al_2O_3$が$α-Al_2O_3$に結晶化しはじめると，Pt粒子は急速に成長することが知られている．Pt粒子の下地の変化によって，その上に乗っ

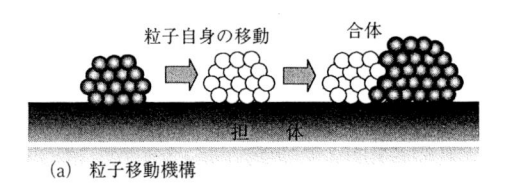

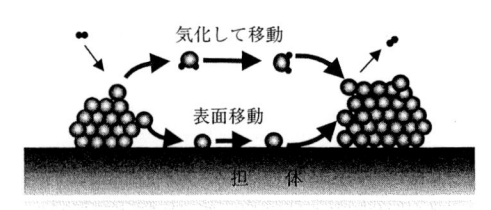

**図7.4 金属粒子成長のメカニズム**
(a) 粒子自体が担体上を移動し合体する機構，(b) 粒子から離脱した原子が移動して大きな粒子が成長する機構．担体上を移動する場合と，気相を移動する場合（酸化物などが気化しやすい場合）．

ている粒子が動き出すためで，"earthquake effect" と呼ばれる．

**b. 触媒毒** 触媒の活性は，活性点に反応原料分子が吸着することで生じる．活性点がほかの分子によって強く吸着されてしまえば活性を失ってしまう．このような触媒毒となる物質は，活性点の性質によって異なる．酸・塩基触媒の場合は，それぞれ塩基・酸が触媒毒となる．金属触媒には，硫黄・セレン・リンなどの単体や化合物が触媒毒となる．また有機金属化合物が触媒表面で分解されると，金属が析出して触媒毒となる．石油のなかにはV，Niなどの化合物が相当量含まれており，脱硫触媒上で分解されれば触媒上に沈着して劣化の原因となる．沈着物が多量の場合は，細孔を閉塞することによって更なる劣化の原因となる．

触媒毒となる物質は，反応原料中に不純物として含まれることが多い．例えば，石油系の原料には，多かれ少なかれ硫黄分が含まれる．触媒の種類や反応雰囲気によってその影響は異なるが，硫黄化合物が触媒毒となることが多い．そこで触媒反応塔の前に脱硫反応装置を設けることがある．このように，触媒毒を除去するために設置される反応器を"ガードリアクター"と呼ぶ．

**c. 炭素の沈着** 触媒毒の沈着の一種として炭素析出がある．炭化水素は，高温では平衡論的に炭素と水素に分解しやすくなる．金属触媒や固体酸触媒上で

高温にさらされた炭化水素は，触媒上に炭素を析出しやすく，触媒劣化の原因として最も頻繁に直面する問題である．また必ずしも炭素でなくとも，副生する重合物や分解物などで不揮発性の物質（多くは H/C 比が1に近い炭化水素）に変化して触媒を毒すれば，同じように活性劣化の原因となる．多くの場合，これらを総称して炭素質（carbonaceous matter）とも呼ばれる．炭素質を析出する反応は副反応の一種と考えられるが，生成する炭素質が触媒上に蓄積し続けるので，物質収支上はごくわずかでも，長時間の反応のあとには深刻な問題となりやすい．

炭素析出による劣化の防止策は，炭素質を気化する反応を起こすことである．炭素質の気化反応には，① 酸化して $CO$, $CO_2$ とする，② 水素化して $CH_4$ とする，③ 水蒸気と反応させて $CO+H_2$ とする反応が考えられる．エチルベンゼンの脱水素反応の例では，析出炭素の除去のために，過剰の水蒸気が反応系に供給され，$CO$, $CO_2$ として除去する．一方，酸化脱水素反応の場合は，反応系に酸素が入るので，炭素析出による劣化の問題は少ない．

**d. そのほかの劣化原因**　　触媒の成分のなかに，反応条件下での蒸気圧が無視できない成分が含まれる場合，長時間の使用でその成分の逸失が起きる．Mo系酸化物触媒では，水蒸気によって酸化モリブデンが気化することが知られている．

実用触媒では，機械的・熱的な破壊も重要な劣化原因であり，十分な強度を持った触媒粒子やモノリス構造（一体構造）をつくらなければならない．自動車の排ガス浄化触媒ではモノリス構造の触媒が主体である．

## 7.3　触媒活性の試験装置

触媒には，固体触媒と液相均一系触媒とがある．また触媒反応には，気相反応と液相反応とがある．触媒の反応特性を試験する実験装置は，これらの条件に合せて選ばれる．

### 7.3.1　回分式反応器

液相で反応を行う場合，容器に反応原料・溶媒・触媒を入れて所定温度に保ち，撹拌しながら数時間保ったのち，反応を停止してから反応溶液を回収し分析する．このような反応方法を回分（batch）式反応という．常圧での反応であればガラスのフラスコなどが使われ，簡便な方法であり，さらに反応の途中で反応液を抜

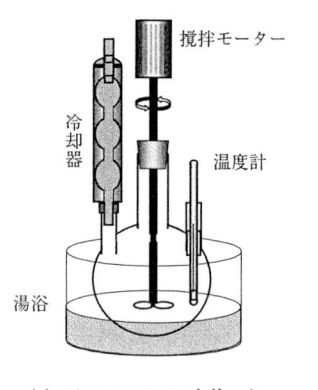

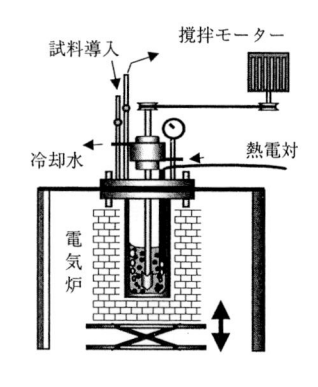

(a) 三ツ口フラスコを使った常圧の反応装置

(b) オートクレーブを使った高圧の反応装置

**図 7.5** 回分式反応の装置

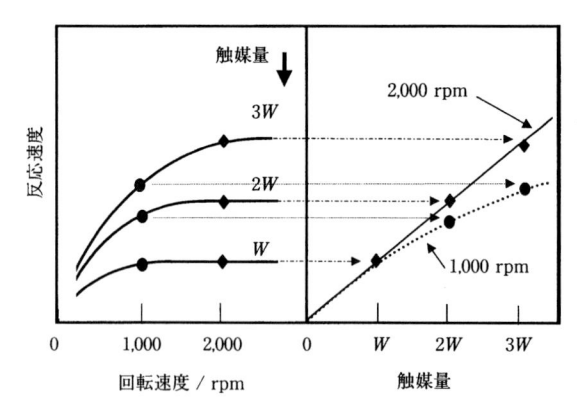

**図 7.6** 液相反応における撹拌回転速度の影響
触媒量が増し，反応速度が大きくなると高速回転が必要となる．

き取り分析することも可能である．図 7.5 に，回分式反応装置の例を示した．

　水素化反応のように，反応物の一方が気相の場合，しばしば加圧下で反応が行われる．加圧での反応にはオートクレーブが用いられる．この場合は反応中に溶液を抜き出すことは難しく，反応終了後だけの分析となる．

　液相反応の場合には，拡散の影響を受けることが多く，十分に注意しなければならない．まず撹拌の速度と転化率との関係を調べ，転化率に影響がない，十分に早い撹拌速度でなければならない（図 7.6）．また粒子内拡散の影響を避ける

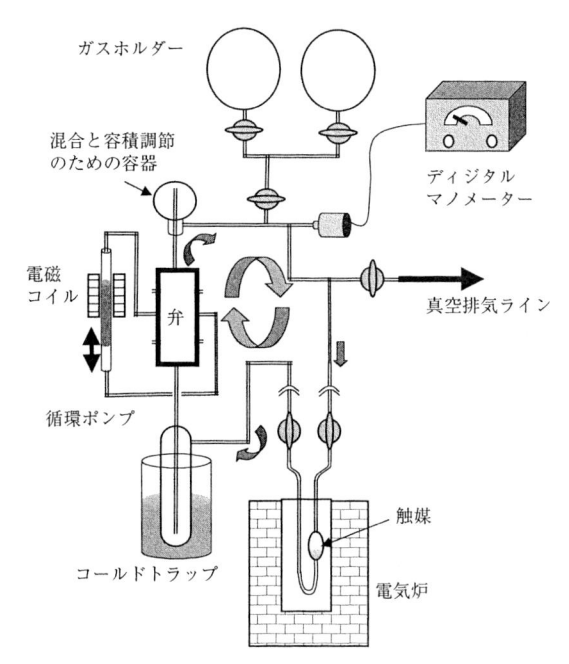

**図 7.7** 循環式反応装置の例

ため，通常粉末状態の触媒を液相反応に用いるが，微粉末では反応後の分離が困難なので，微小な顆粒状でも用いられる．この場合，粒径を変えても速度に反映しないなど，粒子内拡散の影響がないことを確認すべきである．

気相反応を回分式で行う場合，「閉鎖循環系反応装置」（図7.7）が用いられる．多くの場合，ガラス製の装置で，減圧下での反応に用いられる．ガスの流通に使われる循環ポンプは，圧力の低い条件下では循環効率が低く，十分な流速が確保できなくなり，拡散律速になりやすい．

### 7.3.2 連続流通式反応器

固体触媒を用いた気相反応（気相接触反応）には，連続流通式反応器が用いられる（図7.8）．通常，縦型の反応管に気体を下向きに流し，触媒が舞い上がらないようにする．触媒が固定されているので固定床流通系ともいわれる．工業的には，粉末触媒に対して下から気体を流通し，触媒粒子を流動化させる流動床反応器もしばしば用いられる．

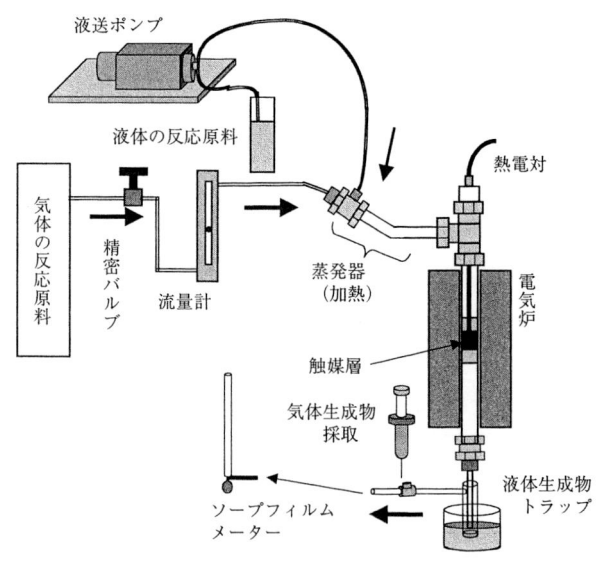

**図 7.8** 流通式反応装置の例

連続流通式反応器を用いた場合，反応速度は次式で計算される．

$$反応速度(mol \cdot h^{-1} \cdot g\text{-}cat^{-1}) = \frac{原料供給速度(mol \cdot h^{-1}) \times 転化率}{触媒量(g)} \quad (7.6)$$

触媒量は，工業的には体積（$m^3$）で表わすが，実験室では質量（g）で表わす．原料供給速度の単位を $m^3 \cdot h^{-1}$ とし，触媒層の体積（$m^3$）との比を取ると，触媒層を原料が通過するのに要する時間（h）に相当するので，接触時間（contact time, time factor）と呼ばれる．

$$接触時間(h) = \frac{触媒量\ (m^3)}{原料供給速度\ (m^3 \cdot h^{-1})} \quad (7.7)$$

原料供給速度は，通常，反応温度ではなく室温での値を用いる．また実験室では，触媒の体積ではなく触媒重量（g）を用い，供給量も物質量（mol）で表わされるので，接触時間は $g \cdot h \cdot mol^{-1}$ のような単位となる．転化率と接触時間の比が，反応速度となる．

$$接触時間(g \cdot h \cdot mol^{-1}) = \frac{触媒量\ (g)}{原料供給速度\ (mol \cdot h^{-1})} \quad (7.8)$$

$$\text{反応速度 (mol·h}^{-1}\text{·g}^{-1}) = \frac{\text{転化率}}{\text{接触時間}} \tag{7.9}$$

　回分式反応器での反応時間に相当するのが接触時間である．流通式反応器の場合，反応温度と接触時間を変えなければ，触媒の活性が変動しない限り転化率は一定値を与える．

　実験室で用いる反応管は通常小さいので，触媒層もさほどの厚さにはならない．それでも，微粉末の触媒では，気体の流通が困難で触媒層の上下で圧力差（圧損）を生じてしまう．そこで，流通系に用いる触媒は顆粒状ないし粒子状のものである．しかし粒径が大きすぎても，粒子内拡散の影響が生じたり，十分に接触せず通過（吹き抜け）したりする．反応管の直径や触媒層の厚さに応じて，おのずと触媒の粒径は限られる．適正な粒径は，反応管内径の1/5以下，触媒層の高さの1/10以下で，圧損が無視できる場合とされる．

　反応速度を正しく測定するために注意を払わなければならないのは，触媒層の温度管理である．反応熱が大きい場合や転化率が高い場合は，反応熱による触媒層温度の変動が生じる．触媒層の高さがある場合は高さ方向に温度分布が生じ，反応管の径が大きい場合は半径方向に温度分布を生じる．反応熱で触媒層温度が大きな幅で上下する場合は，触媒層を不活性な粒子（石英砂，セラミックス片など）で希釈し，反応原料も不活性なガスで希釈する必要がある．

　連続流通反応の場合も，活性評価は拡散の影響のない条件で行わなければなら

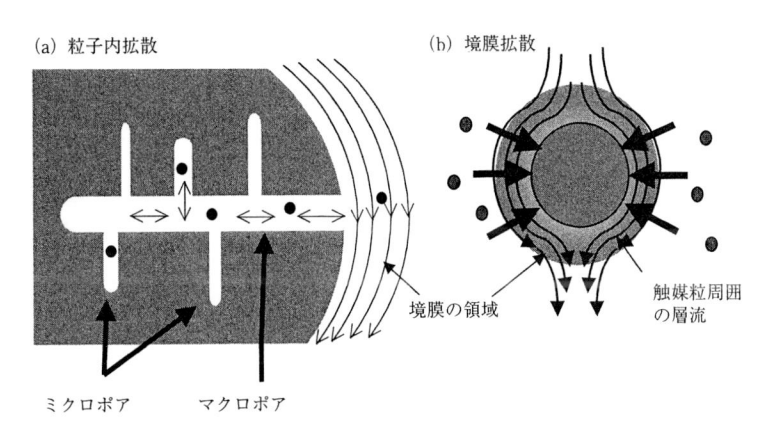

**図7.9** 粒子状触媒における拡散のモデル

ない．気相接触反応で拡散が影響するのは，①触媒粒子のまわりに厚い境膜が生じ，境膜拡散が律速になる場合と，②細孔内拡散が律速になる場合の二つの場合がある（図7.9）．

境膜拡散律速：通常，触媒層内を流れるガスは乱流であり，反応物や生成物は均一に混合されている．しかし触媒粒子の表面近傍では流れが層流になっており，流れに直交する方向（つまり気相から粒子表面への方向）には，遅い分子拡散でしか移動できない．この領域では気相側で反応原料の濃度が高く，粒子内では原料濃度が低く生成物の濃度が高い．境膜の厚さが増大すると，この領域を通過する拡散過程が律速になりやすい．

この境膜の厚さに影響するのは，流通する気体の線速度であり，流量が小さい場合は境膜拡散律速になりやすい．線速度を大きくするには，反応管の径が小さいほうが有利である．また，同じ接触時間でも，触媒量 $W$ と原料供給速度 $F$ をともに2倍にすれば，線速度は2倍になる．そこで気相接触反応を行う場合，$W$ と $F$ とを2倍，3倍と比例させて変え，接触時間を一定とした場合に，同じ転化率が得られれば境膜拡散の影響を逃れているといえる（図7.10）．

細孔内拡散律速：細孔内拡散の影響を調べるには，同一触媒で粒径の異なるものを試験し，両者が同じ転化率を与えることを確かめればよい．

拡散過程は化学反応に比べて活性化エネルギーが小さい．拡散律速である場合の見かけの活性化エネルギーは，反応の活性化エネルギー $E_R$ と拡散の活性化エ

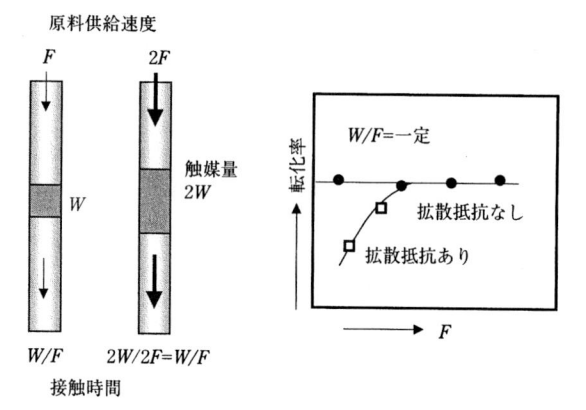

**図7.10　拡散律速の影響の検定法**
触媒量に比例して原料供給速度を変え，$W/F$ 一定での転化率が変わらなければ拡散抵抗が無視できる．

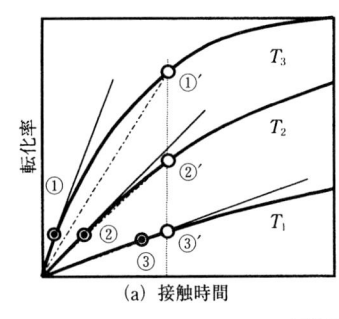

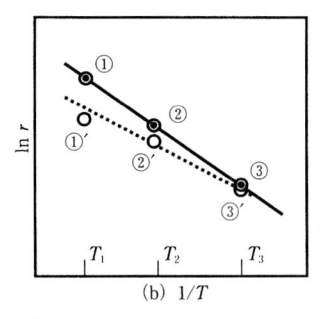

**図 7.11** 活性化エネルギーの測定
①②③は転化率を低く抑えた場合：初速度が正確に得られ正しい活性化エネルギーが求められる．
①′②′③′は接触時間を一定とした場合：転化率が高いと初速度法では正しい活性化エネルギーは得られない．

ネルギー $E_D$ との平均になる．通常は $E_R \gg E_D$ なので，見かけの活性化エネルギーは真の値の約 1/2 になる．活性化エネルギーを測定して，25 kJ·mol$^{-1}$ より小さい場合には，拡散律速を疑ってみる必要があるといわれる．また，反応温度が高温側の場合に拡散律速になりやすい．実験条件の範囲で一番反応速度が大きい条件で拡散律速でないことが確認できれば，それ以外の反応条件下でも，正しい触媒活性が評価できる．

活性化エネルギーの測定：反応速度定数の温度依存性を調べ，アレニウスプロットを取ることで活性化エネルギーを測定することができる．

$$k = A \exp\left(-\frac{E_a}{RT}\right), \quad \ln k = \ln A - \frac{E_a}{RT} \tag{7.8}$$

アレニウスの式に従って，速度定数の対数 $\ln k$ と反応温度の逆数 $1/T$ との関係をプロット（アレニウスプロット）すれば，傾きから活性化エネルギー $E$ が，切片から頻度因子 $A$ が得られる．

触媒の活性試験の場合，速度定数 $k$ の代わりに反応速度（初速度）を用いて活性化エネルギーを求めることがある．初速度は転化率と比例するので，転化率の対数を縦軸に使うこともできる．しかしこの方法が適用できるのは，転化率と接触時間との比例関係が成立する，転化率の低い範囲だけである（図 7.11）．

### 7.3.3 パルス法反応装置

触媒開発の初期段階で，多数の触媒を短時間で評価したい場合，あるいは触媒

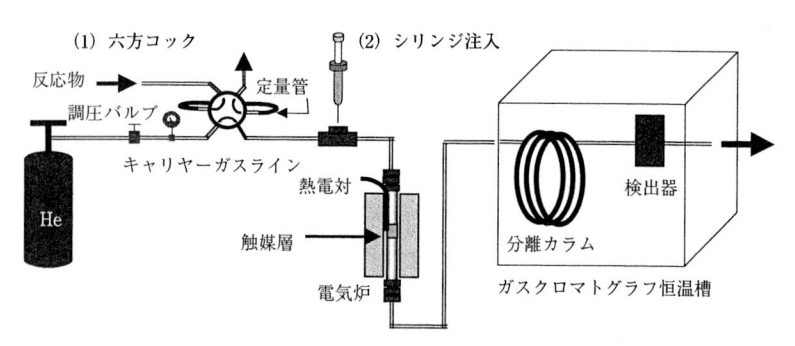

**図 7.12** パルス法反応装置
反応試料の導入方法は，(1)六方コックを用いる方法，(2)シリンジにより注入する方法の2通りがある．

や反応原料が貴重であり，使用量を最小に抑えたい場合などに，パルス法反応装置が用いられる（図7.12）．この装置は，反応装置と分析装置（ガスクロマトグラフ）が一体化したもので，触媒はキャリヤーガス（Heの場合が多い）の流路に組み込まれる．反応ガスは触媒層を通過したのち，直ちに分離カラムで分離され検出器で定量される．例えば，実験室的には反応管には外径6 mm程度のガラス管やステンレス管が使われ，触媒量は数十mg程度でも十分に実験可能である．むしろ触媒層の厚みが増すと，触媒上への吸着の影響が表われるため，多量の触媒の使用は避けるべきである．

　キャリヤーガスの中に注入された反応物は，適度に拡散してHeと混じり合い，濃度に分布を生じる．実際に触媒上で反応する場での反応物濃度は未知となる．反応が一次反応であれば，転化率は濃度に依存しないので速度解析が容易だが，一次反応以外の場合には，転化率は反応物の注入量やキャリヤーガスの流速などの実験条件に依存する．正確な速度論的解析は難しいものとなる．

　パルス反応装置の場合，触媒上で反応が進むのは，注入された反応物が通過する短時間だけである．したがって，触媒の劣化を長時間にわたって測定することは困難である．逆に，新しい触媒が急速に劣化する場合などに，初期における劣化挙動を調べるには好都合である．パルス反応装置は，得られるデータの特徴を生かせば，短時間に多くの触媒を試験できる優れた実験方法である．

# 8

## 環境・エネルギー関連触媒

　今まで見てきたように，触媒はわれわれの身のまわりから化学工業に至るまで，幅広い領域で活躍している．そして，より高い効率を求めて既存の触媒を改良したり，新しい触媒を開発する研究が活発に行われている．さらに21世紀では，地球に優しいテクノロジーが強く要求されている．その要求に対して，触媒技術が大きく貢献できることは疑いのないことである．すなわち，触媒技術がキーテクノロジーとなっている．

　本章では，そのなかで特に環境・エネルギー問題にかかわる触媒研究の最前線を紹介していく．環境触媒としては，$NO_x$（窒素酸化物），$SO_x$（硫黄酸化物），$CO_2$という地球規模での環境問題の原因となっている物質の発生を抑制したり，低減させる触媒開発について見ていく．またエネルギー関連触媒としては，今後の進展が21世紀の社会に大きな影響を与えると期待される燃料電池触媒，水素製造触媒，さらには光エネルギー変換のための光触媒の現状と，その重要性を解説する．

## 8.1　環 境 触 媒

### 8.1.1　自動車触媒—排ガスをきれいにする

　自動車は，今やわれわれの生活になくてはならない存在である．自動車の排ガス浄化には，触媒が多大な貢献をしている．ガソリンの燃焼が起こっているエンジンのなかは高温高圧になるため，取り込まれた空気の窒素と酸素も反応してしまい，窒素酸化物（$NO_x$）が生成する．これがそのまま排気されると，酸性雨や光化学スモッグなどの大気汚染の原因になる．

　そこでこれを無害化するために，自動車のマフラーなどには白金族系の触媒が

組み込まれている．自動車触媒では，走行状態により排ガスの組成や温度などの反応条件が激しく変化し，振動もある．そのため触媒には雰囲気への柔軟な対応，熱的，機械的な耐久性とが要求される．さらには，年々きびしくなる排ガス規制をクリアしなくてはならない．これらのきびしい条件を要求されるのが自動車触媒である．

**a. ガソリン車における排ガス浄化**　図8.1に空燃比（空気/燃料の比）と排ガス中の一酸化炭素，炭化水素と一酸化窒素の量の関係を示す．$NO_x$は酸化剤であるのに対して，排ガス中の炭化水素や一酸化炭素は還元剤として働く．

$$NO + CO (+HC(炭化水素)) \longrightarrow CO_2 + \frac{1}{2} N_2 \qquad (8.1)$$

触媒を用いてこの反応を促進することにより，排ガスを浄化している．ここで燃料を効率よく燃焼させようとして空気の量を増やすと，過剰の酸素分により窒素酸化物が生成してしまう．これに対して，窒素酸化物の生成を抑えようとして燃料に対する空気の量を減らすと，逆に不完全燃焼により，炭化水素や一酸化炭素が排出されてしまう．これらも空気中に排出したくない物質である．ところがうまく空燃比を調整してやると，三者がバランスよく発生する領域（ウィンドウ）が現われる．理想的には$NO_x$，CO，未燃焼の炭化水素のいずれも生成しないことが望ましいのだが，そのような領域はない．この空燃比を絶えず制御するために，排ガス中の酸素濃度を酸素センサー[*1)]で検知し，フィードバックしてエンジンへの燃料供給を変えている．実際，ガソリン自動車触媒では一酸化炭素，炭化水素と一酸化窒素をうまく反応させ，90%以上の転換率でこれら三者を同時除去している．そのため，この種の触媒を三元触媒と呼んでいる．その触媒の主成分は Pt-Rh，Pd-Rh/$Al_2O_3$-$CeO_2$ などであるが，エンジンの出力の低下を避けるために，モノリス（ハチの巣のような細孔を持つハニカム構造の支持体）に固定されている（図8.2）．モノリスとしては耐熱性，機械的強度の高いセラミックスのコージェライト（$2MgO \cdot 2Al_2O_3 \cdot 5SiO_2$）や，金属（Fe-Cr-Al系合金）が用いられている．

　脱$NO_x$のメカニズムとしては，白金族の金属触媒上でNOが解離吸着し，そ

---

[*1)]　酸素センサーには，主に固体電解質型と半導体型センサーがある．ここでは，$O^{2-}$イオン伝導性を持つ固体電解質型の安定化ジルコニア（$ZrO_2$に$Y_2O_3$やCaOを10 mol%程度固溶させたもの）が用いられている．

## 8.1 環境触媒

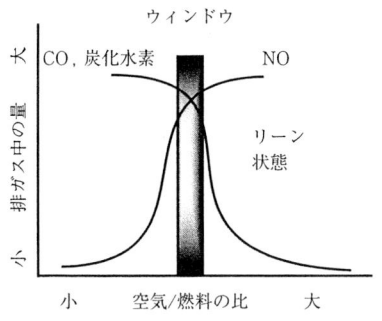

**図 8.1** 空燃比と排ガス中の CO, 炭化水素, NO の量の関係

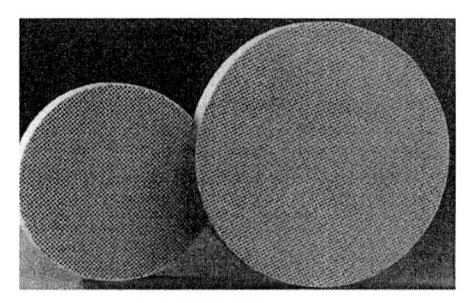

**図 8.2** 各種のモノリス担体

の酸素が一酸化炭素や炭化水素と反応し二酸化炭素を生成する（図 8.3）. 一方, 吸着窒素同士が反応し, 窒素ガスとして脱離してくる. 担体としては, 酸化セリウムを含んだアルミナが用いられている. セリウムは, 酸化物としては一般に4価が安定であるが, f ブロック元素であることから 3 価も比較的安定である. セ

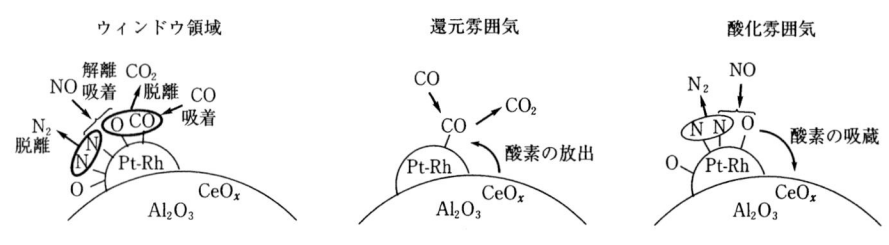

図 8.3 三元触媒 (Pt-Rh/CeO₂-Al₂O₃) の反応メカニズム

リウムイオンが比較的容易に3, 4価の酸化還元をすることにより，酸素を出し入れ（呼吸）する性質を持っている．すなわち酸素の緩衝剤になっている．

$$CeO_2 \rightleftarrows CeO_{2-x} + \frac{x}{2}O_2 \tag{8.2}$$

排ガス中の酸化-還元雰囲気は運転条件に依存して変化する．酸化剤の濃度が薄くなる（還元雰囲気）と，酸素を放出して一酸化炭素の酸化を助ける．逆に還元剤の濃度が薄くなる（酸化雰囲気）と，一酸化窒素の酸素を吸収してその還元を促すことで浄化能力を上げている．

このように，ガソリンエンジン車の排ガス浄化については，三元触媒で十分対応してきた．しかし，省エネルギーや$CO_2$排出規制は，最近になってさらに強化され，燃費の向上が強く求められているため，ガソリンエンジンにおいても，燃料を希薄（リーン）な状態で燃焼させるリーンバーンエンジンの導入が進められている．しかし，リーンバーンの条件下では，三元触媒の能力は低下する．そのため，Pt-Rh/$Al_2O_3$に塩基性物質であるBaOを担持した$NO_x$吸蔵還元型触媒や，Pt-Ir-Rhとゼオライトを組み合せた触媒などが，リーンバーンエンジン用触媒として実用化が進められている．前者の触媒では，塩基性である酸化バリウムが窒素酸化物を硝酸塩として吸蔵し，排ガスが還元雰囲気下になったときに，それを還元除去している．後者の触媒では，ゼオライトが還元剤である炭化水素の効果的な吸収剤として働き，触媒近傍の還元剤の濃度を高める役割をするとされている．

**b. ディーゼル車における排ガス浄化**　トラック，バスなどに搭載されているディーゼルエンジンは，酸素過剰雰囲気で燃料を燃焼させるために，通常のガソリンエンジンに比べて$NO_x$の排出量が多い．これが，現在の大気汚染問題の改善に大きな障害となっている．そこで，$NO_x$の直接分解触媒を開発する必要

がある．

$$2\,NO \longrightarrow N_2 + O_2 \qquad (8.3)$$

これに活性を示す触媒として，ゼオライト（ZSM-5）にイオン交換された銅触媒（Cu/ZSM-5）がさかんに研究されている．この触媒では，$Cu^{2+}$ と $Cu^+$ の酸化還元サイクルにより NO が分解することがわかっている．また酸素過剰下においても，炭化水素が少し存在すれば $NO_x$ を還元除去できることも知られている．一方で，近年規制がきびしくなってきているディーゼル車から排出される黒煙などの微粒子状物質（パティキュレート，PM）を，酸化除去する触媒の開発もさかんに行われている．この場合も，白金のような貴金属系触媒が用いられている．

**c. 固定発生源の脱 $NO_x$** $NO_x$ は，自動車に限らずボイラーなどの内燃機関からも多量に排出される．このような固定発生源からの $NO_x$ 除去には，アンモニアによる選択接触還元法（SCR 法，Selective Catalytic Reduction Process）が用いられている．

$$6\,NO + 4\,NH_3 \longrightarrow 5\,N_2 + 6\,H_2O \qquad (8.4)$$

この反応は，300〜450℃で行われ，酸素によって著しく促進される．

$$4\,NO + 4\,NH_3 + O_2 \longrightarrow 4\,N_2 + 6\,H_2O \qquad (8.5)$$

この反応には $V_2O_5$-$TiO_2$ 触媒が用いられており，図 8.4 に示すスキームで反応が進行していると考えられている．ここでは，バナジウムが 4, 5 価のレドックスを繰り返している．一方で近年は，NO 以外にも地球温暖化ガスである $N_2O$ の触媒除去技術も注目されている．

### 8.1.2 脱硫触媒――超深度脱硫へ向けて

未精製の石油には，多くの硫黄成分が含まれている．それらをそのまま燃焼させると，膨大な $SO_x$ が放出される．$SO_x$ は，$NO_x$ と同様に酸性雨などの大気汚染を引き起こす有害物質である．ある時期，これが公害として深刻な社会問題になったことがある．そのため，石油精製において高効率の脱硫（硫黄分を取り除くこと）プロセスが強く要求されてきた．ここでも触媒は大きな貢献をしてきた．工業的には，高温（〜350℃）高圧（〜6MPa）下で，チオフェン，チオール，スルフィドなどの硫黄含有有機化合物から，水素を使って硫化水素として取り除くという，水素化脱硫が行われている．

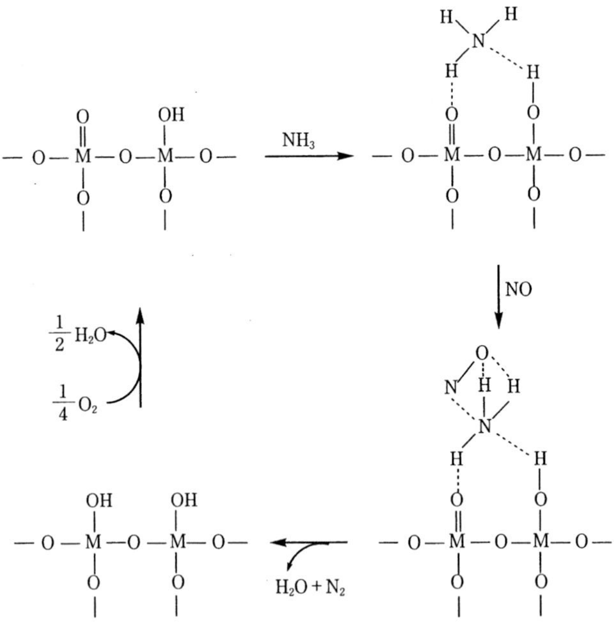

図 8.4 アンモニアによる NO の接触還元反応

$$H_2 + S 含有炭化水素 \longrightarrow H_2S + 炭化水素 \qquad (8.6)$$

実用触媒としては,アルミナなどに担持された Co-Mo や Ni-Mo 系などの硫化物触媒[*2)]が用いられている.

水素化という観点から考えると,白金などの貴金属系触媒が適当に思えるが,硫黄分はそれらの貴金属触媒の触媒毒となってしまう.これに対して硫化物触媒では,硫黄分による被毒の影響を受けにくいという特徴がある.まさに毒をもって毒を制している触媒である.より高活性で長寿命な触媒を設計・開発するために,Co-Mo-S 系触媒(コモス触媒と呼ばれている)の構造や,活性点などについての基礎研究が詳細になされている.これらの硫化物は,グラファイトに見られるような層状構造を持っている(図 8.5).それがアルミナ担体上に担持されている.そのエッジには,硫黄欠陥を伴う配位不飽和なコバルト-モリブデンがあり,それが反応活性点として働いているとされている.

---

[*2)] 触媒の仕込みの段階では,必ずしも硫化物ではない.脱硫反応中に表面は硫化物となって反応する(コラム 参照).

## 脱硫触媒と深度脱硫プラント

円筒状に成形された $CoO\text{-}MoO_3/Al_2O_3$，または $NiO\text{-}MoO_3/Al_2O_3$ 酸化物触媒を硫化処理することにより，Co-Mo や Ni-Mo 系硫化物触媒が得られる（写真上）．大規模なプラントで，工業的に脱硫が行われている（写真下）．この反応により，日本および世界でそれぞれ年間およそ 200 万 t，1,600 万 t の硫黄分が回収されている．

（写真：コスモ石油提供）

脱硫触媒開発の歴史は長いが，いまだいくつかの問題点や反応メカニズムにおける不明点がある．重油にはいろいろな不純物が含まれており，その直接脱硫を困難にしている．また，脱硫過程で副生するコークや金属が触媒表面に沈着し，失活させることも大きな問題となっており，これを克服するための触媒開発がさ

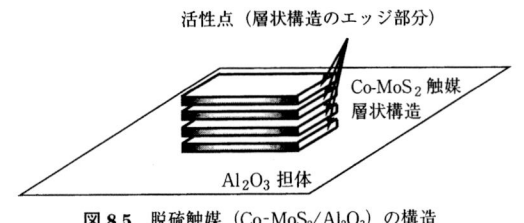

図 8.5 脱硫触媒（Co-MoS$_2$/Al$_2$O$_3$）の構造

かんに行われている．

一方，ディーゼルエンジンなどに使われる軽油では，近年のきびしい排ガス規制や，排ガス浄化の貴金属触媒の触媒毒となる硫黄分を極力低減させるために，硫黄分を 10 ppm 以下に抑えるという超深度脱硫が重要なテーマとなってきている．これを克服するためには，ジベンゾチオフェンなどの難脱硫性硫黄含有有機化合物から，硫黄分をいかに取り除くかがポイントとなってくる．このように，脱硫触媒は古いようで新しいテーマといえる．これに合せて，脱硫プロセスにより副生成した硫化水素から水素を回収する触媒技術の開発も，エネルギーの観点からますます重要視されるであろう．

### 8.1.3　二酸化炭素固定触媒—地球温暖化ガスを再資源化する

石油・石炭などの化石資源や，バイオマスの最終酸化生成物として二酸化炭素が排出されている．年々深刻化している地球温暖化の主な原因として，この二酸化炭素の大気中への蓄積による温室効果との関係が指摘されている[*3]．

そこで，多量に排出される二酸化炭素を固定化処理する技術が望まれている．物理的な方法として，深海投棄なども研究されているが，一方で，排出された二酸化炭素の再資源化として，有用な有機化合物に変換する化学的方法も検討されている．これが確立されれば，石油などの化石燃料を，この百数十年間に大量に食いつぶしてきたことによる化石資源の枯渇の懸念から脱却し，新しい人工的な物質循環システム（新炭素サイクル）を構築することができる．これを達成するための触媒技術として，二酸化炭素の再資源化を目指した触媒プロセスが研究さ

---

[*3] この因果関係は必ずしも単純ではないため，科学的には依然として，いろいろと論議されている．

れている．その主流は，二酸化炭素の水素化によるメタノールや炭化水素への変換である．例えば，一酸化炭素と水素からのメタノール合成と同様に，250 ℃，50気圧の反応条件下で CuO-ZnO/$Al_2O_3$-$Cr_2O_3$ 触媒を用いると，二酸化炭素からも効率よくメタノールを合成できる．

$$CO + 2H_2 \longrightarrow CH_3OH \qquad (8.7)$$

$$CO_2 + 3H_2 \longrightarrow CH_3OH + H_2O \qquad (8.8)$$

一酸化炭素の水素化反応では，ZnO に固溶した $Cu^+$ が活性点として重要な役割をしていると考えられている．一方，二酸化炭素の水素化反応では，金属状の銅または亜鉛と銅の合金が，活性点として働いていることが最近の研究結果から示唆されている．また，ギ酸が反応中間体であるとされている．この反応ののちに，ここで得られたメタノールをガソリンに変換する MTG 触媒（Methanol To Gasoline，ZSM-5）に通せば，同一の反応器で直接的に炭化水素も製造でき，二酸化炭素を再び化学エネルギー資源に戻すことができる．

$$炭化水素燃料 \underset{水素化}{\overset{燃焼}{\rightleftharpoons}} 二酸化炭素 \qquad (8.9)$$

しかし，上の反応式から明らかなように，二酸化炭素の接触水素化反応では，一酸化炭素のそれよりも，貴重な水素を余分に消費し水を生成しているところに問題がある．火力発電などの固定発生源からの二酸化炭素の回収は容易であることから，安価な水素が供給されれば，この接触水素化プロセスも実用可能となり得るであろう．

一方，この水素をナフサやメタンの熱分解で製造することには，本質的に矛盾がある．このパラドックスを解決するためには，自然エネルギーを使って水から水素を生成するプロセスを開発することが重要である．その一つの方法として，光触媒を用いた水の分解反応で水素を製造し，これを用いて炭化水素を合成する触媒技術が期待されている．これは換言すると，これまでの36億年間に植物の行ってきた光合成に代わる人工光合成の開発である．

### 8.1.4 環境浄化型光触媒反応—光で生活空間をクリーンにする

今まで，地球規模での環境問題にかかわる触媒について見てきたが，身のまわりでも生活を快適にするために触媒がいろいろなところで活躍している．ここでは，最近研究開発がさかんに行われている光触媒による環境浄化について紹介す

る．この光触媒という言葉は，科学に携わっている人のみならず，一般の人々にも浸透してきている．例えば，二酸化チタン（$TiO_2$）光触媒が生活空間や大気環境の浄化などに使われ始め，生活環境触媒として，新聞やテレビなどでしばしば取りあげられ，産業界にも大きく波及している．

二酸化チタンを用いた環境浄化型光触媒反応は，基本的には図 8.6 に示したメカニズムで進行する．二酸化チタン光触媒にそのバンドギャップ以上のエネルギー（$3.0 \sim 3.2\,eV$）を持つ光を照射すると，伝導帯に電子（$e^-$）が生成する（詳細は 8.2.3 項の b で解説する）．この電子は，$O_2$ 分子と反応して $O_2^-$ という過酸化物イオンや，これと $H^+$ から生成した $HO_2$ を生じる．一方，価電子帯に生成した正孔（$h^+$）は，表面水酸基や吸着水と反応して OH・ラジカルを生成する．さらには，原子状の解離吸着酸素の生成も確認されている．これらの活性酸素種は強い酸化力を持っており，有機物などを容易に酸化分解することができる．また，正孔が直接有機物を酸化する反応経路も存在する．

1990 年代前半に，橋本と藤嶋が $TiO_2$ 光触媒を生活空間の環境浄化に用いることを提案してから，その応用が急速に広まった．その $TiO_2$ 光触媒を用いた生活環境，地域環境浄化に対する応用例を表 8.1 に示す．$TiO_2$ 光触媒を浴室のタイルや壁に使うと，カビがはえにくくなったり，ぬめりが取れたりする．手術室などの病院設備で使うことにより，殺菌効果で院内感染を抑えることができる．照明器具のカバーなどに用いると，室内ではタバコのヤニによる汚れや，トンネル内では煤煙による汚れを防ぐことができ，メンテナンスを大幅に軽減することができる．

さらに，$NO_x$ の酸化除去も精力的に行われている．$TiO_2$ を含む発砲コンクリートを道路や舗道に敷き詰めたり，高速道路の防音壁に $TiO_2$ を塗ったりして

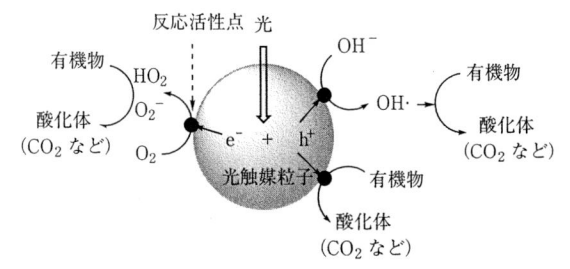

**図 8.6** 光触媒を用いた有機物の酸化分解過程

表 8.1 TiO$_2$ 光触媒の応用例

| 用途 | 作用, 効果 | 反応分解物質 |
| --- | --- | --- |
| タイル, 壁（高速道路, トイレ, 浴室, 手術室など） | 脱臭 | 硫化水素, メチルメルカプタン |
| 照明器具（蛍光灯カバー, トンネル内照明など） | 殺菌, 抗菌 | アセトアルデヒド |
| 建材（壁, 屋根）, 車体 | 防汚 | ホルムアルデヒド |
| ハニカムフィルタ（空気清浄機など） | クリーニング | アンモニア, トリメチルアミン |
| シート, フィルム（鏡など） | 防曇 | タバコ臭, ヤニ |
| 発泡コンクリート（道路など） | 超親水性 | NO$_x$, 原油, フェノール |
|  |  | 色素（染料廃液中） |
|  |  | 有機塩素化合物 |
|  |  | 大腸菌, 黄色ブドウ球菌　など |

用いると, NO$_x$ を除去することができる. この場合, NO$_x$ は HNO$_3$ まで酸化され, これは雨などで洗い流されるという. また, 空気中や排水中の有機ハロゲン化物を酸化分解することもできる.

一方で, TiO$_2$ 光触媒膜に光照射すると, 表面が超親水性になることが見い出されている. この超親水性の発現は, TiO$_2$ の表面状態の変化によるものとしている. この超親水性を生かして, 車のミラーの曇り止めや車体の防汚に応用されている. さらには, 水の気化熱を利用したクーリングを目的として, ビルの外壁塗装にも用いられている. このように, セルフクリーニング作用や汚染物質の分解作用を持つ TiO$_2$ 光触媒は, われわれの生活空間の浄化に幅広く応用されはじめている. しかし, 環境浄化に優れたこの TiO$_2$ 光触媒は, 紫外光（波長<420 nm）しか利用できない. そこで, これに可視光応答性を持たせるために, 窒素ドープなどの研究が現在さかんに行われている.

## 8.2 エネルギー関連触媒

今まで見てきた環境触媒は, 排出された有害物質を無害化するというものであったが, 理想的にはそれを排出しないようにすることが重要である. また, 石油などの化石燃料の消費から生じる問題から明らかなように, エネルギー問題の改善は, 環境問題のそれにも通ずる. 21 世紀のエネルギー・環境問題を解決するためのキーテクノロジーとして, 触媒技術が大きな期待を集めている.

### 8.2.1 燃料電池—電極触媒反応によるクリーン発電

クリーンなエネルギー変換技術として, 燃料電池が注目されている. これは,

水素やメタノールなどの燃料が酸素で酸化されるときに放出されるエネルギーの多くの部分を,電気エネルギーとして取り出すものである.燃料電池発電は,カルノーサイクルの制約に縛られる熱機関に比べて,高い発電効率が得られることが期待され,$NO_x$の発生が起こらないことが特徴である.燃料電池の原理は,1839年にグローブ卿により発見された.そして宇宙船ジェミニ,アポロやスペースシャトルの電源として話題を集めてきた.このように,従来,特定の用途に限定されていた燃料電池が,最近環境にやさしいエネルギー変換器として注目され,都市ガスのメタンを利用した家庭用発電装置や携帯電子機器の電源として,さらには,燃料電池自動車や輸送機器の電源として熾烈な開発競争の対象となっている.

燃料電池には,次のようなタイプがある(表8.2).
(1) 固体高分子型燃料電池 (PEFC:Polymer Electrolyte Fuel Cell)
(2) 固体酸化物型燃料電池 (SOFC:Solid Oxide Fuel Cell)
(3) 溶融炭酸塩型燃料電池 (MCFC:Molten Carbonate Fuel Cell)
(4) リン酸型燃料電池 (PAFC:Phosphoric Acid Fuel Cell)
(5) アルカリ型燃料電池 (AFC:Alkaline Fuel Cell).

これらの燃料電池の電解質は,PAFC,AFCでは液体(MCFCは溶融塩)であるのに対して,PEFCではイオン交換性固体高分子,SOFCでは酸素イオン伝導体酸化物(固体電解質)である.そのため作動温度に大きな違いが見られる.

図8.7に水素-酸素燃料電池の構造と発電機構を示す.PEFCのような低温で

表8.2 燃料電池の種類と特徴

|  | 固体高分子型 | 固体酸化物型 | 溶融炭酸塩型 | リン酸型 | アルカリ型 |
|---|---|---|---|---|---|
| 電 解 質 | 高分子膜 | ジルコニア系セラミックス | アルカリ炭酸塩 | リン酸水溶液 | KOH水溶液 |
| 作動温度 | 80℃ | 1,000℃ | 700℃ | 200℃ | 60~90℃ |
| 燃 料 | 水素<br>メタノール<br>天然ガス | 天然ガス<br>石炭ガス化 | 天然ガス<br>石炭ガス化 | 天然ガス<br>メタノール(改質) | 燃 料 |
| 発電効率 | 30~40%<br>改質ガス使用 | 45~65% | 45~60% | 35~42% | 水 素 |
| 特 徴 | 低温作動<br>小型化<br>移動用 | 高発電効率 | 高発電効率 | ほぼ商用化 | 低温作動 |

作動する燃料電池では，気体の水素と酸素を反応させるためにガス拡散電極が使われている．通常の電極反応では，水の電気分解で代表されるように，溶液と電極の固－液界面で反応が進行する．これに対して，ガス拡散電極はカーボン粒子に担持したPtやその合金触媒，カーボン粒子，撥水性テフロン，集電極などから構成されており，気相分子が気－液－固の三相界面で反応が進行できるようになっている．

PEFCでは，ガス拡散電極が固体電解質である$H^+$イオン交換性高分子膜（ナフィオン）を挟んだ構造を取っている．燃料極では，貴金属触媒上で$H_2$分子から電子が取られ$H^+$を放出する．この電子は，カーボン粒子を伝わって集電極に集まる．一方，空気極では燃料極から供給された電子，電解質を通過してきた$H^+$，そして$O_2$分子が反応して水を生成する．これらの両極の反応が進行することにより電気エネルギーが得られる．

$$H_2 \longrightarrow 2H^+ + 2e^- \qquad H_2の酸化反応（燃料極，アノード） \qquad (8.10)$$

$$O_2 + 4H^+ + 4e^- \longrightarrow 2H_2O \qquad O_2の還元反応（空気極，カソード） \qquad (8.11)$$

この水素-酸素燃料電池反応は，水の電気分解の逆反応である．水素-酸素燃料電池の理論標準起電力は1.23Vである．この反応で排出されるのは水のみであり，その限りにおいては，まさにクリーン発電である．しかし，原料の水素をどのように製造して供給するかによっては，単純にクリーンとはいえず，これが大きな課題となっている．

電気分解では，電気エネルギーを化学エネルギーに変換しているのに対して，燃料電池では化学エネルギーを電気エネルギーに変換している．この反応が進行するためには，水素分子を酸化して電子を取り出す燃料極と，酸素分子を還元し

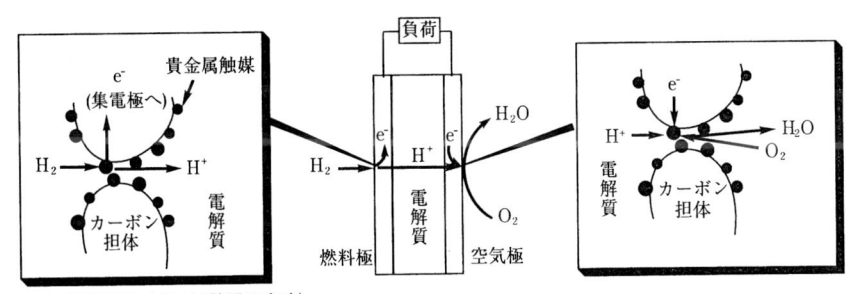

**図8.7** ガス拡散電極と水素-酸素燃料電池の発電機構

て水にする空気極の双方に電極触媒が重要な役割をしている．すなわち，電極触媒は燃料電池の心臓部であるといっても過言ではない．

優れた電極触媒に要求される性質は，反応速度（触媒活性）が大きいことと電極反応に対する過電圧が小さいことである．反応速度が大きいことは，大電流を取り出せることにつながる．また，過電圧が小さいことは電圧のロスを抑えることにつながる．現在は，白金を中心とした貴金属触媒が用いられている．水の電気分解で白金電極がしばしば用いられるのは，水素生成の過電圧が小さく，無駄な電圧を極力かけないですむからである．

これは，解離吸着水素（原子状水素）を表面に生成しやすいためである．その逆の燃料電池の反応でも，この白金が有効な触媒として働く．一方，空気極での酸素還元も容易な反応ではない．酸素分子を水にするには，4電子反応が起こり，かつ，どこかで酸素分子の結合を切断しなくてはならないからである．この反応をスムーズに行わせることができる電極触媒の開発も重要である．現在は，Pt-Ruを触媒としたガス拡散電極が用いられている．一方，燃料極，空気極の電極触媒において，資源やコストの観点から，貴金属を使わない電極触媒の開発も重要になってくる．

自動車用や携帯用電子機器には，水素の代わりにメタノールを燃料とした電池の開発もさかんに行われている．

$$2CH_3OH + 3O_2 \longrightarrow 2CO_2 + 4H_2O \quad (理論標準起電力，1.21V) \qquad (8.12)$$

メタノール燃料電池には，メタノールを直接電極触媒上で酸化して電子を取り出す直接型メタノール燃料電池（DMFC：Direct Methanol Fuel Cell）と，メタノールと水蒸気を反応させる水蒸気改質によって水素を取り出し，これを燃料として水素－酸素燃料電池を作動させる改質型メタノール燃料電池とに分けられる（図8.8）．

直接型　$CH_3OH + H_2O \longrightarrow CO_2 + 6H^+ + 6e^-$ 　（燃料極反応）　　(8.13)

改質型　$CH_3OH + H_2O \longrightarrow CO_2 + 3H_2$ 　　　　（改質反応）　　(8.14)

　　　　$H_2 \longrightarrow 2H^+ + 2e^-$ 　　　　　　　　　（燃料極反応）　　(8.15)

この改質反応には，メタノール合成触媒と同様の$CuO\text{-}ZnO/Al_2O_3$触媒が用いられている．改質型メタノール燃料電池自動車では，触媒反応により水素を製造する改質器と，燃料電池本体を搭載することになる．メタノールは，もともと一酸化炭素と水素から製造されているため，わざわざ水素に戻さなくてもよいよ

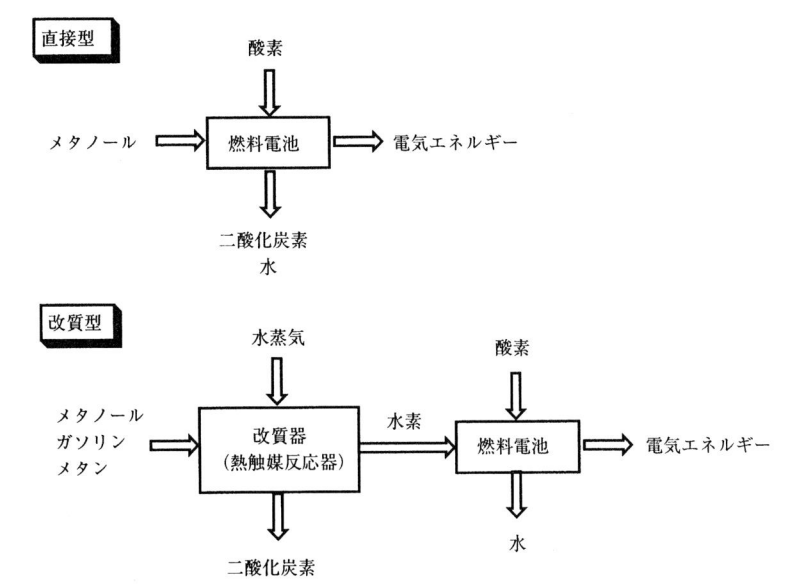

**図 8.8** 直接型メタノール燃料電池と改質型燃料電池の比較

うに思える.ここでは,水素を輸送するための一つの形態として,液体で扱いやすいメタノールを考えればよい.一方,いくつかの自動車会社では,改質型ガソリン燃料電池の開発にも力を入れている.ただ,メタノールやガソリン燃料電池では,元をただせば化石燃料を使って二酸化炭素を排出しているため,水素-酸素燃料電池と比較してクリーン発電とはいいがたい.しかし内燃機関に比べると,効率の高さや $NO_x$ 排出量の軽減から見て,クリーンシステムとして期待される.

DMFC では,メタノールを酸化して電子を取り出すことができる電極触媒の開発が重要である.この場合も電極触媒としては,白金系の材料が用いられている.これは,Pt がメタノールを酸化し電子を取り出すのに適した電極触媒であるからである.しかし,メタノールの酸化で副生する一酸化炭素により,白金触媒が被毒され触媒能が低下するという問題がある.これは,改質型メタノール燃料電池においても,改質により得られた水素燃料中にも一酸化炭素が含まれてしまうため,同様の問題が起こる.そのため,一酸化炭素を水性ガスシフト反応などで取り除く必要がある.

$$CO + H_2O \longrightarrow CO_2 + H_2 \tag{8.16}$$

Pt-Ru 合金化などによる一酸化炭素耐性を持った電極触媒の開発も,重要な

課題となっている．

### 8.2.2 水素製造——クリーンエネルギーシステムの基幹物質

化石燃料の消費は，その枯渇問題をはじめとし，二酸化炭素による地球温暖化などの環境問題をもたらしている．それに対して，水素は燃えて水になる再生可能なクリーンエネルギーである．

$$\text{化石燃料（枯渇問題）} \xrightarrow{\text{燃焼}} \text{二酸化炭素（地球温暖化）} \tag{8.17}$$

$$\text{水　素（再生可能）} \underset{\text{還元}}{\overset{\text{燃焼}}{\rightleftarrows}} \text{水（無害）} \tag{8.18}$$

このように，水素は化学工業の基幹原料のみならず，エネルギー・環境問題においても重要な物質になっている．化石燃料に代わって水素エネルギーが広く使われるようになれば，多くの点で環境問題が改善されるのは疑う余地がない．

今まで化石燃料に頼っていたエネルギーシステムを，クリーンな水素エネルギーへ移行しようという話は昔からあったが，既存のシステムからは脱却できなかった．しかし，地球規模での環境問題が深刻化し，燃料電池の燃料としても注目されはじめてから，その取組みが活発化し現実的になってきた．世界各地で水素エネルギープロジェクトがはじまっている．ここで，水素エネルギーシステムを構築するときの根本的な問題として，どのような方法で，大量に安価な水素を製造するかが重要なポイントとなる．

現在，水素は，主にメタンを主成分とする天然ガスなどから得られる炭化水素の水蒸気改質によって製造されている．

$$CH_4 + H_2O \longrightarrow CO + 3H_2 \tag{8.19}$$

この反応に活性な触媒としては，$Al_2O_3$-$MgO$ に担持した Ni（Ni/$Al_2O_3$-MgO）が用いられており，$20 \sim 40$ atm，$730 \sim 860\,°C$ の条件下で反応が行われている．この反応では，炭素がニッケル触媒上に析出する副反応（コーキング）が起きやすく，それにより失活してしまう．それを抑えるために，水蒸気を量論比より過剰に導入している．Ru も高活性な触媒として注目されている．

近年エネルギー資源として，メタンハイドレートが注目されている．メタンハイドレートとは，水がつくるカゴ型の結晶構造のすきまに，メタン分子がファン・デル・ワールス力で閉じ込められた状態の物質であり，包接化合物と呼ばれ

る化合物群に属する（図8.9）．近年，このメタンハイドレートが自然界に多く存在していることが明らかとなってきた．これは，日本近海にも多く埋蔵されており，いままで日本は石油などの海外からの輸入に頼ってきたのに対して，純国産のエネルギー源として有望視されている．その量は，国内で100年程度は賄えるといわれている．もちろん上で述べたように，これは水蒸気改質による水素製造の原料になり得る．また5.3.4項でも述べられたように，メタンの部分酸化反応についても精力的に研究がされている．

ここで，水素エネルギーを理想的な再生可能かつクリーンなエネルギーとしてとらえるならば，その製造過程でも二酸化炭素などの排出があってはならない．

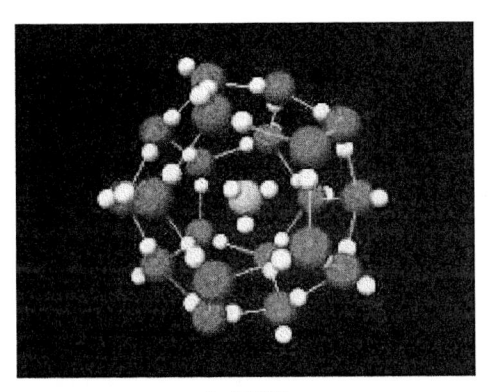

かご型構造

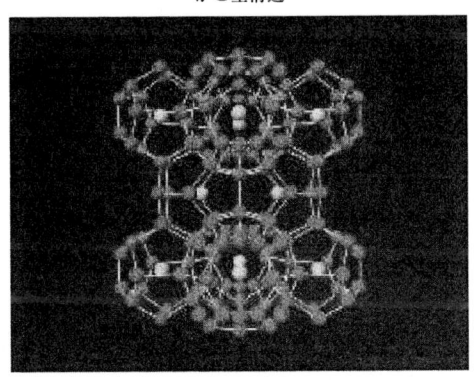

結晶構造

図8.9　メタンハイドレードの構造
(All Right Reserved by Japan National Oil Corporaition, http://www.jnoc.go.jp/c methane/metanl.html より)

このように考えると，究極的には，自然エネルギーを使って水から水素を製造するということにつきる．

### 8.2.3 光触媒を用いた水の分解反応—エネルギー・環境問題を根本的に解決する究極の反応

**a. 水の分解反応の意義** 水素が化学工業における重要な基幹原料であること，および，クリーンエネルギーとして注目されていることを見てきた．しかし現在，水素は化石燃料である天然ガス（メタン）などから主に製造されている．したがって，水素-酸素燃料電池もその発電自体はクリーンであるが，燃料製造まで含めて考えると，究極的なクリーンシステムとはいいがたい．ここでエネルギー・環境問題を考えたときに，自然エネルギーを使って水から水素を製造することが理想的である．

この一つの方法として，光触媒を用いた水の分解反応が注目されている．この反応では，光エネルギーを注ぎ込んで水を水素と酸素に分解することにより，$237\ \mathrm{kJ\cdot mol^{-1}}$ の化学エネルギーを蓄えることができる（図8.10）．

$$H_2O \longrightarrow H_2 + \frac{1}{2}O_2 \qquad \Delta G^0_{298} = 237\ \mathrm{kJ\cdot mol^{-1}} \tag{8.20}$$

8.1.4項で，光触媒を用いた環境浄化について見てきた．その酸素による有機物の酸化分解反応は，一般にギブスの自由エネルギー変化は負である．すなわち熱力学的には進行しやすい反応である．これに対して，水の分解反応ではギブスの自由エネルギーが大きな正の変化を伴うため，逆反応が起こりやすく，難易度の高い反応といえる．緑色植物による光合成では，二酸化炭素と水からグルコースと酸素を製造している．この反応を通して光を化学エネルギーに変換している．この一連の反応は，光が関与する明反応と，暗時で進行する暗反応に分けること

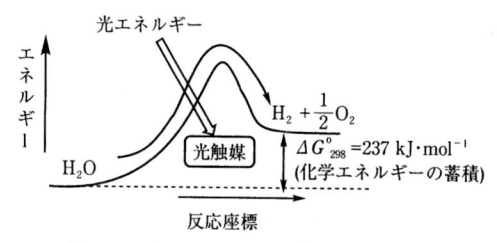

**図 8.10** 水の分解反応による光エネルギー変換

ができる．明反応では水から電子または水素（$H_2$ としてではないが）を取り出し，その高い還元力を利用して暗反応で二酸化炭素を還元しているのである．一方で，水から水素を取り除かれた生成物として $O_2$ を放出している．これを見ると，植物による光合成においても，水の分解が核心的な反応となっている．このことから，光触媒を用いた水の分解反応を人工光合成と呼ぶことができる．

現在の水素製造では，天然ガスなどの化石燃料を食いつぶしていることになる．これに対して，水の光分解を組み込んだサイクル可能なクリーンエネルギーシステムは，エネルギー・環境問題を解決するための理想的なものである．石油や石炭は，太古の昔，光合成により繁茂した植物や，それを食料にしていた動物などの死骸からできたものである．このように化石燃料のエネルギー源も，元をただせば太陽光エネルギーにいきつく．

**b. 光触媒反応の基礎**　光触媒を用いた水の分解反応の研究のとっかかりとなったのが，1970年代の初期における本多-藤嶋効果の発見である．光触媒反応の原理を図8.11に示す．多くの不均一系光触媒材料は，半導体的性質を持つ．半導体は，価電子帯と伝導帯が適当な隔たりを持ったバンド構造を持っている．この隔たりを禁制帯と呼ぶ．ここで，バンドギャップ（禁制帯の幅）と光エネルギーの関係は次式で表わされる．

$$\text{バンドギャップ (eV)} = \frac{1,240}{\text{波長 (nm)}} \tag{8.21}$$

このバンドギャップより大きなエネルギーを持つ光が照射されると，価電子帯の電子（$e^-$）が伝導帯に励起される．一方，価電子帯には電子の抜け殻として正孔（$h^+$）が生じる．二酸化チタンなどの酸化物半導体中に生成したこの正孔は一般に強い酸化力を持ち，水を酸化して酸素を生成することができる．一方，

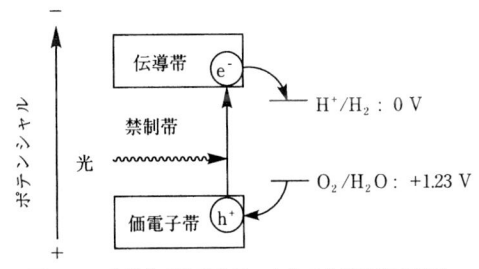

**図8.11**　半導体光触媒を用いた水の分解反応の原理

伝導帯に励起された電子は，水を還元して水素を生成する．ここで，これらの反応が起こるには，伝導帯の底が $H^+/H_2$ の酸化還元電位より高く（負側），価電子帯の上端が $O_2/H_2O$ の酸化還元電位よりも深く（正側）なくてはならない．ここで，いくつかの半導体材料のバンド構造を見てみることにする．図 8.12 に示された半導体材料のなかで，上に述べたバンド構造を満足する材料は，$ZrO_2$，$KTaO_3$，$SrTiO_3$，$TiO_2$，$ZnS$，$CdS$，$SiC$ などである．しかし，水のなかにこれらの粉末を懸濁させ，バンドギャップ以上のエネルギーを持つ光を照射しても，水素と酸素を量論比で生成するのは $ZrO_2$ と $KTaO_3$ のみである．また，Pt や NiO などの助触媒があれば $SrTiO_3$ や $TiO_2$ も活性を示す．一方，CdS などの一部のカルコゲナイドは可視光（バンドギャップ<3 eV）を吸収できる理想的なバンド構造を持つが，実際には水の光分解反応は進行しない．これらの光触媒では，次式に示すような光腐食が起こってしまうからである．

$$CdS + 2h^+ \longrightarrow Cd^{2+} + S \qquad (8.22)$$

すなわち，光生成した正孔が水を酸化するのではなく，自分自信を酸化して分解してしまうのである．これが多くの硫化物半導体光触媒の欠点である．酸化物である ZnO も同様に光腐食することが知られている．

$$ZnO + 2h^+ \longrightarrow Zn^{2+} + \frac{1}{2}O_2 \qquad (8.23)$$

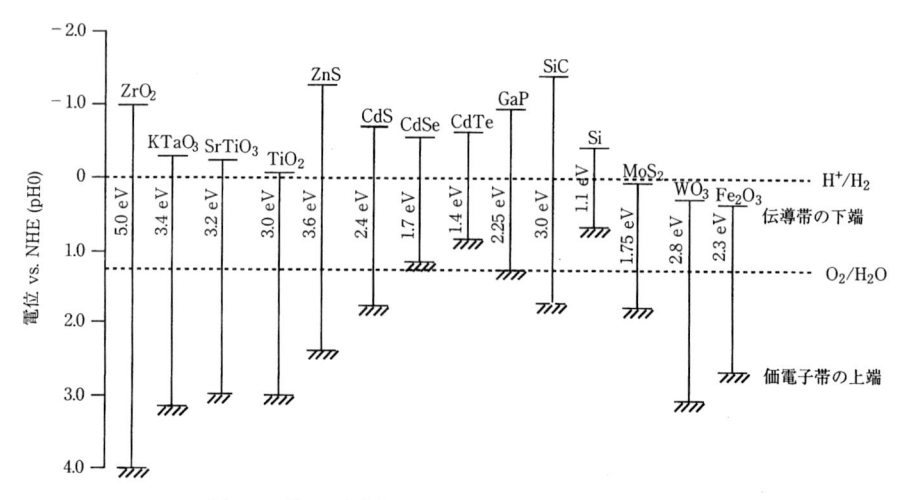

図 8.12　種々の半導体のバンド構造と水の分解電位との関係
NHE は標準水素電極電位.

## 8.2 エネルギー関連触媒

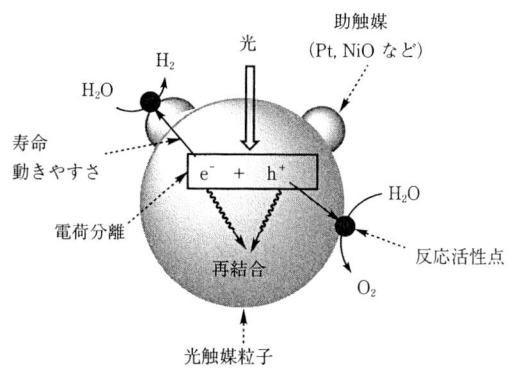

**図 8.13** 光触媒反応のメカニズム

この伝導帯と価電子帯のポテンシャルと水の酸化還元電位の関係は，熱力学的な必要条件であるのにすぎず十分条件ではない．実際には，生成した電子や正孔の動きやすさや寿命，その電荷分離，酸化還元反応における過電圧や反応活性点というような複雑な因子もかかわってくる（図 8.13）．生成した電子や正孔の動きやすさや寿命，そしてその電荷分離は，光触媒のバルクの性質に強く影響を受ける．また，酸化還元反応における過電圧や反応活性点は，表面の性質に依存する．表面に到達した電子や正孔が水を分解するポテンシャルを持っていても，反応する場がなければあとは再結合による消失を待つだけである．そこで，反応活性点を導入するために，表面にしばしば助触媒が担持される．

図 8.12 からわかるように，水の分解のポテンシャルを持っている $TiO_2$ や $SrTiO_3$ などの酸化物半導体光触媒では，その伝導帯のレベルが水の還元電位のすぐ上にある．そのため，伝導帯中の電子の水を還元するためのドライビングフォースが小さいために，助触媒の助けが必要となる．白金や酸化ニッケルが，水素生成のための助触媒としてしばしば用いられている．これに対して，伝導帯のレベルが高い $ZrO_2$ 光触媒などでは助触媒がなくても水の完全光分解が進行する．一方，多くの酸化物半導体光触媒の $O_{2p}$ 軌道からなる価電子帯のレベルは +3eV 付近に位置し，水の酸化電位に比べて十分に深い．そのため，複雑な水からの酸素生成反応に対しても，特別な助触媒を必要としない．

図 8.13 を用いて光触媒活性を支配する性質について述べたが，どのような因子がそれらの性質に影響を与えているかについて見ていく．図 8.14 に $TiO_2$ 光触媒を例に取り，活性を支配する主な因子についてまとめた．光触媒活性を支配

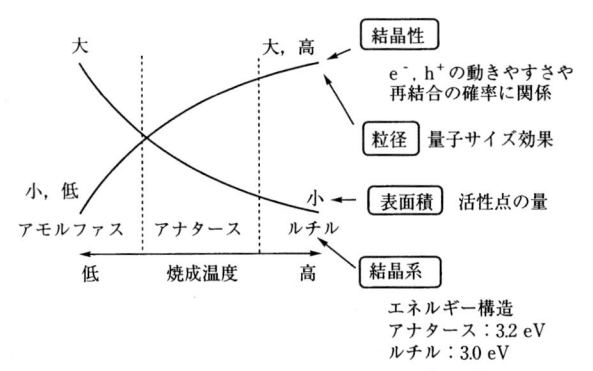

**図 8.14** TiO$_2$ 光触媒の活性を支配する主な要因

する主な要因として，光触媒の結晶構造，結晶性，粒径，表面積などがあげられる．これらの因子は，焼成温度などの合成条件によって変化する．TiO$_2$ 光触媒では主にアモルファス，アナタース，ルチルという結晶構造がある．これらは原子配列が異なることから，当然そのエネルギー構造も異なる．アナタースとルチルのバンドギャップは，それぞれ 3.2，3.0 eV である．そして伝導帯レベルはアナタースのほうが高いため，環境浄化や水の分解活性はルチルより高いとされている．一方，コロイドのように粒径が小さくなると量子サイズ効果が起こる．その結果，バンドギャップが大きくなり（量子サイズ効果によるブルーシフト[*4]）伝導帯や価電子帯の位置もシフトする．

焼成温度を高くすると，粒界などの欠陥が減少し，結晶化度が高くなる．すなわち単結晶に近づく．バルク中の粒界などの格子欠陥は電子や正孔のトラップサイトとして働くため，それらの再結合中心になる．そのため結晶性は，光照射により生成した電子や正孔の動きやすさやそれらの再結合の確率に影響を与える．結晶性がよいほど格子欠陥が少ないため，電子や正孔の拡散距離が長くなり，光触媒反応を起こすには有利になる．表面積は有効な活性点の数に影響する．そのほかにも，表面水酸基濃度などの固体触媒でよく見られるようなファクターが多々ある．このように光触媒反応では，触媒材料のバルクと表面の性質，さらに

---

[*4] 物質を形成する原子数が少なくなる（粒径が小さくなる）と，エネルギーバンドが離散的になり，HOMO, LUMO のエネルギーギャップが大きくなる．すなわち式 (8.21) から対応する波長が短くなる．このことをスペクトルで考えると，青方へシフトするので，ブルーシフトと呼んでいる．

は,エネルギー構造までが深くかかわっている.どの因子が触媒活性に大きく影響するかは,光触媒反応の種類に依存する.例えば水の光分解反応では,表面積よりはむしろ結晶性が重要な因子となる.

**c. 光触媒材料** 実験室レベルで紫外光(波長<420 nm)を用いて,水を分解できる光触媒はいくつか見い出されている(表 8.3).$TiO_2$ や $SrTiO_3$ 光触媒は,古くから研究されている.このなかで,$ZrO_2$ 光触媒や NiO を助触媒として担持した $K_4Nb_6O_{17}$,$K_2La_2Ti_3O_{10}$,$NaTaO_3$ のような複合酸化物光触媒が高い活性を示す.

太陽光利用を目的とした場合,可視光照射下で働く光触媒の開発が不可欠となる.可視光照射下で,水溶液から水素または酸素のどちらかだけを生成できる光触媒はいくつか見い出されている.CdS と $WO_3$ は,以前からよく知られた可視光応答性光触媒である.2.4 eV のバンドギャップを持つ CdS は,Pt 助触媒と還元剤存在下で水素生成に高活性を示す.一方,2.8 eV のバンドギャップを持つ $WO_3$ は,$Ag^+$ や $Fe^{3+}$ のような電子スキャベンジャー(酸化剤)存在下で,水を酸化して酸素を生成することができる.しかし,CdS は光腐食を起こすため,酸素生成能はない.また $WO_3$ はバンドギャップが小さい分,その伝導帯のポテンシャルは水の還元電位よりも正であるため,水素生成能はない.

最近,可視光照射下での光触媒的酸素または水素生成において,$BiVO_4$ や Cu-ZnS,$AgInZn_7S_9$,$AgGaS_2$ が活性を示すことが明らかとなった.またタンタルの窒化物($Ta_3N_5$)や,オキシナイトライド(TaON)が可視光応答性を持つ光触媒であることがわかってきている.このように,新しい可視光応答性光触

**表 8.3** 紫外光照射下で水の完全光分解に活性を示す光触媒材料

| 光触媒 | 助触媒 | バンドギャップ (eV) |
|---|---|---|
| $TiO_2$ | Pt, Rh, $NiO_x$ | 3.2 |
| $SrTiO_3$ | Rh, $NiO_x$ | 3.2 |
| $Na_2Ti_6O_{13}$ | $RuO_2$ | |
| $BaTi_4O_9$ | $RuO_2$ | |
| $K_2La_2Ti_3O_{10}$ | $NiO_x$ | 3.6 |
| $ATaO_3$ (A=Li, Na, K) | なし,NiO | 3.6〜4.7 |
| $A'Ta_2O_6$ (A'=Mg, Ca, Sr, Ba) | なし,NiO | 4.0〜4.4 |
| $ZrO_2$ | なし | 5.0 |
| $Ta_2O_5$ | $NiO_x$ | 4.0 |
| $K_4Nb_6O_{17}$ | $NiO_x$ | 3.4 |

### ─ ユニークな構造を持つ光触媒粒子 ─

触媒には粉末状の材料がしばしば用いられる．成形された触媒でも，それ自体は粉末の集合体である場合がほとんどである．しかし，粉末といっても必ずしも球状ではなく，その形状はさまざまである．電子顕微鏡で見てみるとそれがよくわかる．写真は水の分解反応に高活性を示す粉末光触媒の走査型電子顕微鏡写真である．La を添加した $NaTaO_3$ 粒子は角砂糖のような形をしており，その表面は階段状の構造になっている．その段差はナノメートルオーダーである．この高い結晶性と特徴的な表面構造が高活性に寄与していると考えられている．一方 $K_4Nb_6O_{17}$ では，雲母に見られるようなへき開性を持つ層状構造を持っている．これらの層は，$NbO_6$ 八面体が原子レベルで二次元状につながって構成されている．その一つひとつの層が光を吸収し水を分解している．この場合，水素と酸素生成の反応場が，そのニオブ酸のシートで分離されているのが特徴である．

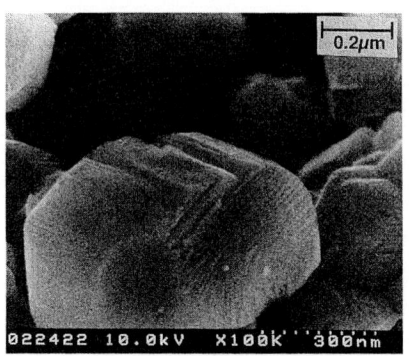

La をドープした $NaTaO_3$ 光触媒

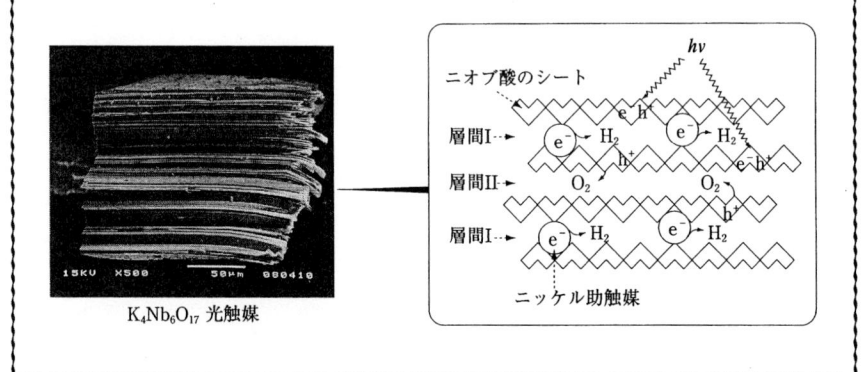

$K_4Nb_6O_{17}$ 光触媒

媒材料が開発されつつある．太陽光照射下での高効率な水の完全光分解反応は，この研究分野の最終目標である．それには効率のよい可視光応答性光触媒を開発する必要がある．そのような夢の触媒が見い出されれば，水の光分解反応を利用した光エネルギー変換と，水素製造プロセスに大きなブレイクスルーがもたらされることになるであろう．

### 8.2.4 色素増感太陽電池――光触媒反応を利用した太陽電池

最近，色素増感を利用した新しいタイプの太陽電池が注目を集めている．これは光エネルギーを電気エネルギーに変換する際に，均一系光触媒を巧みに用いたよい例である．色素増感の現象自体は古くから研究されてきたが，グレッツェル（M. Grätzel）が効率のよい色素太陽電池を報告して以来，企業を含む多くの研究者がさかんに研究を行っている．

この光電池により電気が取り出せるのは，図 8.15 のようなメカニズムによる．光を吸収する色素としては，ルテニウム錯体がしばしば用いられる．電極には，ITO（Indium Tin Oxide）と呼ばれるガラスの透明電極に，$TiO_2$ などの酸化物半導体微粒子を堆積させものが用いられる．この $TiO_2$ 電極は，多孔性で高表面積を持つため，多くの色素を吸着することができ，その結果として多くの光を捕獲できるわけである．この電極を $I_2/I_3^-$ などの酸化還元対を溶かした電解溶液に浸すことにより，光電池が構成される．一般に光励起された色素は高い還元力を持つため，自分自身が持っている電子を半導体電極の伝導帯に注入することができる．これにより色素の酸化体が生成する．このとき，注入された電子は回路を

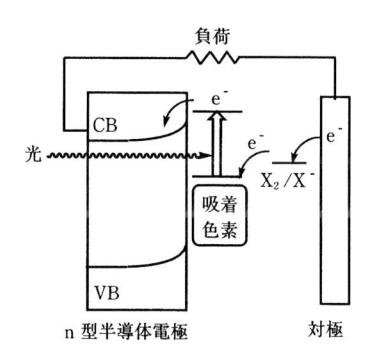

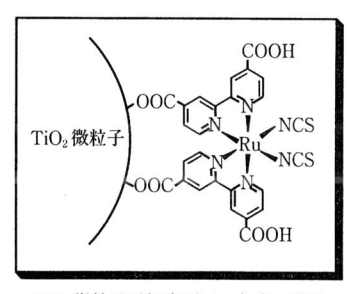

図 8.15　色素増感太陽電池の作動原理

通って対極へと移動する.

一方，色素の酸化体は溶液中の酸化還元対により還元されて元の状態に戻る.そして，酸化された溶液中の酸化種は対極で還元されて元に戻る.このように，結果として光エネルギーを電気エネルギーに変換しているわけであるが，その過程には色素の光触媒作用が重要な役割をしているところに注目したい.

この色素増感太陽電池では，半導体電極ではなく色素が光励起されている.すなわち，半導体を光励起するのに必要とするエネルギーより小さなエネルギーの光で電気を取り出すことができる.そのため，色素増感反応と呼ばれている.これにより，太陽光に豊富に含まれている可視光を効率よく利用することができるわけである.よく知られたシリコン太陽電池は乾式であるのに対して，この色素増感電池は溶液中で働くため湿式光電池とも呼ばれている.現在，この色素増感電池の太陽光エネルギー変換効率は約10%ほどまで達しており，これはアモルファスシリコン太陽電池の効率に匹敵する.この効率は，今後さらに向上することが期待される.また色素増感電池は，シリコン太陽電池に比べて大面積のものが簡単に作成できるというメリットを持っている.現在は，電子移動などの基礎過程から，新しい色素光触媒の開発，電解質溶液の固体化などの実用化に向けた研究がさかんに行われている.

### 参 考 文 献

1) 日本表面科学会編：環境触媒，共立出版，1997.
2) 岩本正和監修：環境触媒ハンドブック，エヌ・ティー・エス，2001.
3) World Energy Network (WE-NET)，新エネルギー・産業総合開発機構 (NEDO)，(財) 地球環境産業技術研究機構 (RITE) などの機関のホームページ.

# 付　表

**表1　SI 基本単位**

| 物理量 | 名　称 | 記　号 |
|---|---|---|
| 長　さ | メートル | m |
| 質　量 | キログラム | kg |
| 時　間 | 秒 | s |
| 電　流 | アンペア | A |
| 熱力学温度 | ケルビン | K |
| 物質量 | モ　ル | mol |
| 光　度 | カンデラ | cd |

**表2　固有の名称・記号をもつ SI 組立単位**

| 物理量 | 名　称 | 記　号 | 組立単位による表現 | |
|---|---|---|---|---|
| 周波数 | ヘルツ | Hz | $s^{-1}$ | |
| 力 | ニュートン | N | $m \cdot kg \cdot s^{-2}$ | |
| 圧力・応力 | パスカル | Pa | $m^{-1} \cdot kg \cdot s^{-2}$ | $N \cdot m^{-2}$ |
| エネルギー，仕事，熱量 | ジュール | J | $m^2 \cdot kg \cdot s^{-2}$ | $N \cdot m = Pa \cdot m^3$ |
| 仕事率 | ワット | W | $m^2 \cdot kg \cdot s^{-3}$ | $J \cdot s^{-1}$ |
| 電荷 | クーロン | C | $s \cdot A$ | |
| 電位 | ボルト | V | $m^2 \cdot kg \cdot s^{-3} \cdot A^{-1}$ | $J \cdot C^{-1}$ |
| 静電容量 | ファラッド | F | $m^{-2} \cdot kg^{-1} \cdot s^4 \cdot A^2$ | $C \cdot V^{-1}$ |
| 電気抵抗 | オーム | Ω | $m^2 \cdot kg \cdot s^{-3} \cdot A^{-2}$ | $V \cdot A^{-1}$ |
| コンダクタンス | ジーメンス | S | $m^{-2} \cdot kg^{-1} \cdot s^3 \cdot A^2$ | $Ω^{-1}$ |
| 磁束 | ウェーバー | Wb | $m^2 \cdot kg \cdot s^{-2} \cdot A^{-1}$ | $V \cdot s$ |
| 磁束密度 | テスラ | T | $kg \cdot s^{-2} \cdot A^{-1}$ | $V \cdot s \cdot m^{-2}$ |
| インダクタンス | ヘンリー | H | $m^2 \cdot kg \cdot s^{-2} \cdot A^{-2}$ | $V \cdot A^{-1} \cdot s$ |
| セルシウス温度 | セルシウス度 | ℃ | K | |
| 放射能 | ベクレル | Bq | $s^{-1}$ | |
| 吸収線量 | グレイ | Gy | $m^2 \cdot s^{-2}$ | $J \cdot kg^{-1}$ |
| 線量相当 | シーベルト | Sv | $m^2 \cdot s^{-2}$ | $J \cdot kg^{-1}$ |
| 平面角 | ラジアン | rad | | |
| 立体角 | ステラジアン | sr | | |

表3 元素の

凡例:
- 元素名 原子番号: Cr 24
- 原子の相対サイズ: ●
- 原子半径: 1.27
- イオン価数: +6
- イオン半径: 0.52
- 融点: 1800℃
- イオン化エネルギー: 6.74 eV

| 1 | 2 | 3 | 4 | 5 | 6 | 7 | 8 | 9 |
|---|---|---|---|---|---|---|---|---|
| H 1 | | | | | | | | |
| Li 3 ● 1.55 / +1 0.78 / 186℃ / 5.40 eV | Be 4 ● 1.12 / +2 0.34 / 1280℃ / 9.32 eV | | | | | | | |
| Na 11 ● 1.90 / +1 0.98 / 97.7℃ / 5.14 eV | Mg 12 ● 1.60 / +2 0.78 / 650℃ / 7.64 eV | | | | | | | |
| K 19 ● 2.35 / +1 1.33 / 63℃ / 4.34 eV | Ca 20 ● 1.97 / +2 1.06 / 850℃ / 6.11 eV | Sc 21 ● 1.62 / +3 0.83 / 1200℃ / 6.7 eV | Ti 22 ● 1.47 / +4 0.64 / 1820℃ / 6.84 eV | V 23 ● 1.34 / +5 0.59 / 1735℃ / 6.71 eV | Cr 24 ● 1.27 / +6 0.52 / 1800℃ / 6.74 eV | Mn 25 ● 1.26 / +4 0.52 / 1260℃ / 7.43 eV | Fe 26 ● 1.26 / +3 0.67 / 1539℃ / 7.83 eV | Co 27 ● 1.25 / +3 0.65 / 1495℃ / 7.84 eV |
| Rb 37 ● 2.48 / +1 1.49 / 39℃ / 4.17 eV | Sr 38 ● 2.15 / +2 1.27 / 770℃ / 5.69 eV | Y 39 ● 1.80 / +3 1.06 / 1490℃ / 6.5 eV | Zr 40 ● 1.60 / +4 0.87 / 1750℃ / 6.95 eV | Nb 41 ● 1.46 / +5 0.70 / 2500℃ / 6.77 eV | Mo 42 ● 0.39 / +6 0.62 / 2625℃ / 7.06 eV | Tc 43 2130℃ / 7.28 eV | Ru 44 ● 1.34 / +4 0.65 / 2500℃ / 7.5 eV | Rh 45 ● 1.34 / +3 0.69 / 1966℃ / 7.7 eV |
| Cs 55 ● 2.67 / +1 1.65 / 28℃ / 3.89 eV | Ba 56 ● 2.22 / +2 1.43 / 704℃ / 5.21 eV | Ln* | Hf 72 ● 1.59 / +4 0.85 / 2330℃ / 7 eV | Ta 73 ● 1.46 / +5 0.73 / 3000℃ / 7.88 eV | W 74 ● 1.39 / +6 0.62 / 3410℃ / 7.94 eV | Re 75 ● 1.37 / 3170℃ / 7.87 eV | Os 76 ● 1.35 / +4 0.67 / 2700℃ / 8.7 eV | Ir 77 ● 1.36 / +4 0.66 / 2415℃ / 9.2 eV |
| Fr 87 | Ra 88 ● +2 1.52 / 700℃ / 5.27 eV | Ac 89 ● +3 1.11 / 1600℃ / 6.9 eV | Th 90 ● 1.80 / +4 0.95 / 1845℃ | Pa 91 +4 0.91 | U 92 ● 1.52 / +4 0.89 / 1133℃ / 4 eV | Np 93 +4 0.88 / 640℃ | Pu 94 +4 0.85 | Am 95 +4 0.85 / 6.0 eV |

*ランタノイド

| La 57 | Ce 58 | Pr 59 | Nd 60 | Pm 61 | Sm 62 | Eu 63 |
|---|---|---|---|---|---|---|
| ● 1.87 / +3 1.22 / 826℃ / 5.61 eV | 1.82 / +4 1.02 / 600℃ / 6.54 eV | 1.82 / +4 1.0 / 940℃ / 5.76 eV | 1.82 / +3 1.15 / 840℃ / 6.31 eV | | 1.85 / +3 1.13 / 1350℃ / 5.6 eV | 2.08 / +3 1.13 / 1150℃ / 5.4 eV |

凡例: ■ BCC　■ HCP　■ FCC　■ 多形

付　表

周期表

| 10 | 11 | 12 | 13 | 14 | 15 | 16 | 17 | 18 |
|---|---|---|---|---|---|---|---|---|
| | | | | | | | | He [2] ● 1.00 −271.4℃ 24.56 eV |
| | | | B [5] ● 0.98 +3 0.20 2300℃ 8.28 eV | C [6] ● 0.91 +4 0.20 3700℃ 11.27 eV | N [7] ● 0.90 +5 0.11 −210.0℃ 14.55 eV | O [8] ● +6 0.09 −218.8℃ 13.62 eV | F [9] ● +7 0.07 −223℃ 17.43 eV | Ne [10] ● 1.17 −248.6℃ 21.56 eV |
| | | | Al [13] ● 1.43 +3 0.57 660℃ 5.97 eV | Si [14] ● 1.32 +4 0.39 1415℃ 8.15 eV | P [15] ● 1.28 +5 0.34 44.1℃ 10.9 eV | S [16] ● 1.27 +6 0.34 112.8℃ 10.36 eV | Cl [17] ● +7 0.26 −101℃ 12.90 eV | Ar [18] ● 1.43 −189.4℃ 15.76 eV |
| Ni [28] ● 1.24 +2 0.78 1455℃ 7.63 eV | Cu [29] ● 1.28 +1 0.96 1083.2℃ 7.72 eV | Zn [30] ● 1.38 +2 0.83 419.5℃ 9.39 eV | Ga [31] ● 1.41 +3 0.62 29.8℃ 5.97 eV | Ge [32] ● 1.37 +4 0.44 958℃ 8.13 eV | As [33] ● 1.39 +5 0.47 814℃ 10.5 eV | Se [34] ● 1.40 +6 0.42 220℃ 9.73 eV | Br [35] ● +7 0.39 −7.2℃ 11.76 eV | Kr [36] ● 1.59 −157℃ 14.00 eV |
| Pd [46] ● 1.37 +2 0.50 1554℃ 8.1 eV | Ag [47] ● 1.44 +1 1.13 960.5℃ 7.58 eV | Cd [48] ● 1.54 +2 1.03 320.9℃ 8.99 eV | In [49] ● 1.66 +3 0.92 156.4℃ 5.79 eV | Sn [50] ● 1.54 +4 0.74 231.9℃ 7.30 eV | Sb [51] ● 1.59 +5 0.62 630.5℃ 8.64 eV | Te [52] ● 1.60 +6 0.56 450℃ 8.96 eV | I [53] ● +7 0.50 114℃ 10.44 eV | Xe [54] ● 1.75 −112℃ 12.13 eV |
| Pt [78] ● 1.39 +2 0.52 1773.5℃ 8.96 eV | Au [79] ● 1.44 +1 1.37 1063.0℃ 9.23 eV | Hg [80] ● 1.57 +2 1.12 −38.9℃ 10.44 eV | Tl [81] ● 1.71 +3 1.05 300℃ 6.12 eV | Pb [82] ● 1.75 +4 0.84 327.4℃ 7.42 eV | Bi [83] ● 1.70 +5 0.74 271.3℃ 7.29 eV | Po [84] 1.76 254℃ 8.43 eV | At [85] 9.6 eV | Rn [86] ● −71℃ 10.75 eV |

| Cm [96] | Bk [97] | Cf [98] | Es [99] | Fm [100] | Md [101] | No [102] | Lr [103] |
|---|---|---|---|---|---|---|---|
| | | | | | | | |

| Gd [64] | Tb [65] | Dy [66] | Ho [67] | Er [68] | Tm [69] | Yb [70] | Lu [71] |
|---|---|---|---|---|---|---|---|
| 1.80 +3 1.11 6.7 eV | 1.77 +3 1.09 327℃ 6.74 eV | 1.77 +3 1.07 6.82 eV | 1.76 +3 1.05 | 1.75 +3 1.04 | 1.74 +3 1.04 | 1.93 +3 1.00 1800℃ 6.2 eV | 1.74 +3 0.99 6.15 eV |

□ ダイヤモンド構造

### 表4 SIと併用される単位

| 物理量 | 名称 | 記号 | SI単位による値 |
|---|---|---|---|
| 時間 | 分 | min | 60 s |
|  | 時 | h | 3600 s |
|  | 日 | d | 86400 s |
| 平面角 | 度 | ° | $(\pi/180)$ rad |
|  | 分 | ′ | $(\pi/10800)$ rad |
|  | 秒 | ″ | $(\pi/648000)$ rad |
| 質量 | トン | t | $10^3$ kg |
| 長さ | オングストローム | Å | $10^{-10}$ m |
| 体積 | リットル | l, L | $10^{-3}$ m$^3$ |
| 圧力 | バール | bar | $10^5$ Pa |
| エネルギー | 電子ボルト | eV | $1.60218 \times 10^{-19}$ J |
| 質量 | 統一原子質量単位 | u | $1.66054 \times 10^{-27}$ kg |

### 表5 化学でよく使う単位とSIとの関係

| 物理量 | 名称 | 記号 | SI単位による値 |
|---|---|---|---|
| 力 | ダイン | dyn | $10^{-5}$ N |
| 圧力 | 標準大気圧 | atm | 101325 Pa |
|  | トル | Torr | 133.322 Pa |
| エネルギー | エルグ | erg | $10^{-7}$ J |
|  | カロリー | cal | 4.184 J |
| 放射能 | キュリー | Ci | $3.7 \times 10^{10}$ s$^{-1}$ |
| 磁束密度 | ガウス | G | $10^{-4}$ T |
| 電気双極子モーメント | デバイ | D | $3.33564 \times 10^{-30}$ Cm |
| 粘性率 | ポアズ | P | $10^{-1}$ N·s·m$^{-2}$ |
| 動粘性率 | ストークス | St | $10^{-4}$ m$^2$·s$^{-1}$ |

### 表6 SI接頭語

| 倍数 | 接頭語 | 記号 | 倍数 | 接頭語 | 記号 |
|---|---|---|---|---|---|
| 10 | デカ | da | $10^{-1}$ | デシ | d |
| $10^2$ | ヘクト | h | $10^{-2}$ | センチ | c |
| $10^3$ | キロ | k | $10^{-3}$ | ミリ | m |
| $10^6$ | メガ | M | $10^{-6}$ | マイクロ | μ |
| $10^9$ | ギガ | G | $10^{-9}$ | ナノ | n |
| $10^{12}$ | テラ | T | $10^{-12}$ | ピコ | p |
| $10^{15}$ | ペタ | P | $10^{-15}$ | フェムト | f |
| $10^{18}$ | エクサ | E | $10^{-18}$ | アト | a |
| $10^{21}$ | ゼタ | Z | $10^{-21}$ | ゼプト | z |
| $10^{24}$ | ヨタ | Y | $10^{-24}$ | ヨクト | y |

# 索　引

## 欧　文

AES　123
AFM　36
BET 式　109
BET 法　50, 109
C-1化学　21
Co-Mo-S 系触媒　152
egg shell 型触媒　113
EPMA　123
EXAFS　125
FSM-16　134
$H_0$ 関数　114
Incipient wetness 法　131
LEED　40
MCM-41　133
MMA　25
MTG 触媒　155
SCR 法　151
SEM　121
SMSI　107
SOHIO 法　94
STM　36
TEM　121
TOF　9
TON　9
TPD 法　116, 117
TPR 法　117
X 線吸収端微細構造スペクトル　125
X 線光電子分光法　123
XANES　125
XPS　123
XRD　120
XRF　125

## ア　行

アイランド　63
アクリロニトリル合成触媒　25
アナターゼ　168
アモルファス　168
アリル酸化　94
アルキル陽イオン　92
アルコールの分解　119
アルミナ　149
アレニウスプロット　145
アンサンブル効果　108
アンモ酸化　94
アンモニア合成　3, 28, 85
アンモニア合成法　14, 16

硫黄酸化物　147
イオン交換　133
鋳型剤　132
異性化　90
一酸化炭素　52, 148
　──の水素化反応　87
一酸化窒素　148
一電子供与点　104
一点法　110

ウィルキンソン錯体　4

液相反応　140
エチレン　19
エネルギー関連触媒　147

オージェ電子分光法　123
オレフィン重合触媒　27
温室効果　154
オントップ　53

## カ　行

会合脱離　58
改質型メタノール燃料電池　160
改質器　160
回分式反応　139
解離吸着　50, 52, 57, 148
解離吸着水素　160
化学吸着　44, 50
拡散過程　135
拡散律速　141
撹拌速度　140
火山型活性序列　77
可視光応答性　157
可視光応答性光触媒　169
過剰酸素　104
ガス拡散電極　159
化石資源　2, 19, 154
化石燃料　157, 161
活性　9
活性化エネルギー　7, 145
活性酸素種　156
価電子帯　41, 42, 156
過渡応答法　82
カルボニル化反応　96
環化　90
環境浄化型光触媒反応　155
環境触媒　2, 147
環境負荷係数　10
還元的脱離　79
含浸法　129

気相接触反応　141
吸着　48, 50
吸着エネルギー　45, 49, 50
吸着熱　50, 52
吸着平衡定数　74
吸着量　82
凝集エネルギー　43
協奏効果　105
共沈法　128
協同効果　105
境膜拡散　144
均一系触媒　10
均一系触媒反応　76, 95
キンク　38, 47, 83
金属酸化物　46
金属酸化物触媒　31

金属触媒 30,31

空配位数 13
クメンの分解 119
クラッキング触媒 17
クリーンエネルギー 22

蛍光X線分析 125
形状選択性 101
結晶格子構造 37
結晶構造 168
結晶性 168
ケルビンの式 112
原子移動機構 137
原子間力顕微鏡 36
賢者の石 3

光化学スモッグ 147
工業触媒 112
光合成 1,164
光合成触媒 24
格子欠陥 168
合成ゼオライト 17
酵素 1
構造促進剤 86
構造鈍感 79,100
構造敏感 79,100
構造要因 99,100
光電子分光 35
コーキング 162
固体NMR 126
固体塩基点 103
固体酸点 103
固体触媒 9,12,30
固体表面 33
コモス触媒 152

### サ 行

再結合 168
細孔径分布 112
細孔構造 111
細孔内拡散 144
酢酸合成触媒 25
酸化還元サイト 104
酸化セリウム 149
酸化的付加 79
酸化分解 156
酸強度分布 115
三元触媒 148

酸性雨 147
酸素センサー 148

シェラーの式 121
紫外光電子分光 46
色素増感太陽電池 171
指示薬滴定法 114
自動車触媒 147
収率 136
寿命 9,137
シュルツ-フローリー式 89
循環式反応装置 141
昇温脱離 60
昇温脱離法 116
昇温反応法 116
焼成温度 168
衝突頻度 56
蒸発乾固法 130
触媒 1
　――の観念 3
　――の機能 99
　――の定義 5
　――の分類 11
　――の劣化 137
触媒活性 9
触媒技術 22
触媒作用 4
触媒調製 127
触媒毒 138,152
触媒反応 6
触媒反応特性 134
触媒プロセス 26
触媒有効係数 135
助触媒 167
初速度 135
人工光合成 165
シンタリング 137

水銀圧入法 112
水性ガスシフト反応 161
水素化 90
水素化脱硫 151
水素化反応 87
水素-酸素燃料電池 158,159
水素製造触媒 147
水熱法 132
ステップ 38,47,83
スピルオーバー 107

正孔 156

生体触媒 24
ゼオライト 17,30,132,151
赤外スペクトル測定 118
石炭 19
石油 20
　――の改質反応 90
絶縁体 41,46
接触作用 4
接触酸化反応 93
接触時間 135,142
接触水素化反応 155
接触分解反応 91
セルフクリーニング 157
遷移金属 42
前駆体吸着モデル 56
選択性 9,101
選択接触還元法 151
選択率 136

総括反応速度 82
走査型電子顕微鏡 121,170
走査トンネル顕微鏡 34,36
素過程 48,67,76
速度定数 74
ソハイオ触媒 128
素反応 48,76
ゾル-ゲル法 131

### タ 行

体心立方格子 37
太陽エネルギー 1
脱水素 90
脱離 48,58
脱硫触媒 151
ターンオーバー数 9
ターンオーバー頻度 9
炭化水素 148
　――の接触改質 91
単結晶モデル触媒 35
担持金属触媒 32,129
炭素質 139
担体 30
担体効果 106

チーグラー-ナッタ触媒 17
窒素 51
　――の固定化 3
窒素酸化物 147
超高真空 34

# 索　引

超深度脱硫　151
直接型メタノール燃料電池
　　160

低環境負荷　9
定常状態近似(法)　64,65,68
低速電子線回折法　40
テラス(面)　38,83
転化率　136
電気双極子　50
電極触媒　160
電子顕微鏡　121
伝導帯　41,42,156
天然ガス　20,164

同位体追跡法　82
同位体標識法　81
透過型電子顕微鏡　121
動的平衡　65
等電点　130
透明電極　171
特性評価　119
毒物　9
トレーサー法　81

### ナ　行

二元機能触媒　107
二酸化炭素　51,154
二酸化炭素固定触媒　154
二酸化チタン光触媒　156
二重促進鉄触媒　15,86

燃料電池　157
燃料電池触媒　147

### ハ　行

配位不飽和度　47
バイオ(系)触媒　2,24
ハーバー-ボッシュ法　15,85
ハメット関数　114
バルク構造　37
パルス法反応装置　146
半導体　41,46
半導体電極　171
半導体光触媒　165
バンドギャップ　41,156,165
バンド構造　40
反応機構　8,48

反応機構決定法　80
反応次数　81
反応速度　142
反応速度式　72
反応速度論　64
反応中間体　5,76,82

光エネルギー変換　164
光触媒　147,164
光触媒反応　165
光腐食　166
非触媒反応　6
被毒　137,161
ヒドロホルミル化反応　96
比表面積　31
被覆率　56
表面移動　48
表面科学　34
表面緩和　39
表面欠陥　47
表面構造　39
表面構造モデル　37
表面再構成　39,54
表面水酸基　168
表面積　168
表面反応　48
表面反応律速　70

フェルミ準位　42,44
不均一系触媒　10
不均一系触媒反応　76
複合酸化物触媒　128
副反応　136
不斉水素化反応　95
付着確率　56
物質要因　99
物理吸着　50
ブテンの異性化　119
ブリッジ型吸着　53
ブレンステッド酸　103
分解　90
分散度　33,115
分子集合体　133
分子状吸着　50,52
分子触媒　9,12
分子ふるい効果　101
分析電子顕微鏡　122
粉末触媒　113
粉末法X線回折　120

平衡吸着法　131
平衡吸着量　63
$\beta$-水素脱離反応　80

ホローサイト　53

### マ　行

マグネシア触媒　128
魔法の石　3

見かけの活性化エネルギー　74
ミセル　133
ミラー指数　37

メソポーラスシリカ　133
メタクリル酸メチル合成触媒
　　25
メタノール合成　17,155
メタノール燃料電池　160
メタン　20,162
　　——の転換反応　92
　　——の部分酸化反応　163
メタンハイドレート　162
面心立方格子　37

毛管凝縮　112
モデル触媒　83
モノリス　112,139,148
モンサント法　97

### ヤ　行

葉緑素　1
予備平衡　67

### ラ　行

ラネー合金触媒　30
ラネーニッケル触媒　128
ラングミュアー型吸着速度式
　　57
ラングミュアー吸着等温線　61
ラングミュアー-ヒンシェルウ
　　ッド機構　69
ランプリング　39

リガンド効果　108
律速過程(段階)　67,73,77
立体規制重合　27

リニア型吸着 53
リボザイム 1
硫化物触媒 152
粒径 168
粒子移動機構 137
粒子径効果 100
粒子状触媒 112
流通式反応装置 142
流動法表面積測定装置 111
量子サイズ効果 168

量論反応 9

ルイス塩基 47
ルイス酸 47, 103
ルチル 168
ルテニウム錯体 171

レドックス機構 78
レナード-ジョーンズポテンシャル 49

連鎖単位 88
連続流通式反応器 141

六方最密充填構造 37

## ワ 行

ワッカー触媒 17
ワッカー法 98

## 著者略歴

**上松　敬禧**（うえまつ たかよし）
- 1940年　東京都に生まれる
- 1968年　東京工業大学大学院
　工学研究科博士課程
　単位取得退学
- 現　在　千葉大学工学部
　共生応用化学科教授
　工学博士

**中村　潤児**（なかむら じゅんじ）
- 1957年　北海道に生まれる
- 1988年　北海道大学大学院
　理学研究科博士課程
　修了
- 現　在　筑波大学物質工学系
　教授
　理学博士

**内藤　周弌**（ないとう しゅういち）
- 1943年　北海道に生まれる
- 1970年　東京大学大学院
　理学系研究科博士課程
　修了
- 現　在　神奈川大学工学部
　応用化学科教授
　理学博士

**三浦　弘**（みうら ひろし）
- 1947年　山形県に生まれる
- 1975年　東京工業大学大学院
　工学研究科博士課程
　修了
- 現　在　埼玉大学工学部
　応用化学科教授
　工学博士

**工藤　昭彦**（くどう あきひこ）
- 1961年　東京都に生まれる
- 1988年　東京工業大学大学院
　総合理工学研究科
　博士課程修了
- 現　在　東京理科大学理学部
　応用化学科教授
　理学博士

---

応用化学シリーズ 6
### 触媒化学

定価はカバーに表示

2004年4月1日　初版第1刷
2020年3月25日　第13刷

| | | |
|---|---|---|
| 著　者 | 上　松　敬　禧 | |
| | 中　村　潤　児 | |
| | 内　藤　周　弌 | |
| | 三　浦　　　弘 | |
| | 工　藤　昭　彦 | |
| 発行者 | 朝　倉　誠　造 | |
| 発行所 | 株式会社　朝　倉　書　店 | |

東京都新宿区新小川町 6-29
郵便番号　162-8707
電　話　03(3260)0141
FAX　03(3260)0180
http://www.asakura.co.jp

〈検印省略〉

© 2004〈無断複写・転載を禁ず〉

新日本印刷・渡辺製本

ISBN 978-4-254-25586-7　C 3358　　Printed in Japan

**JCOPY** ＜出版者著作権管理機構　委託出版物＞

本書の無断複写は著作権法上での例外を除き禁じられています。複写される場合は、そのつど事前に、出版者著作権管理機構（電話 03-5244-5088, FAX 03-5244-5089, e-mail: info@jcopy.or.jp）の許諾を得てください。

## 好評の事典・辞典・ハンドブック

| | |
|---|---|
| **物理データ事典** | 日本物理学会 編<br>B5判 600頁 |
| **現代物理学ハンドブック** | 鈴木増雄ほか 訳<br>A5判 448頁 |
| **物理学大事典** | 鈴木増雄ほか 編<br>B5判 896頁 |
| **統計物理学ハンドブック** | 鈴木増雄ほか 訳<br>A5判 608頁 |
| **素粒子物理学ハンドブック** | 山田作衛ほか 編<br>A5判 688頁 |
| **超伝導ハンドブック** | 福山秀敏ほか 編<br>A5判 328頁 |
| **化学測定の事典** | 梅澤喜夫 編<br>A5判 352頁 |
| **炭素の事典** | 伊与田正彦ほか 編<br>A5判 660頁 |
| **元素大百科事典** | 渡辺 正 監訳<br>B5判 712頁 |
| **ガラスの百科事典** | 作花済夫ほか 編<br>A5判 696頁 |
| **セラミックスの事典** | 山村 博ほか 監修<br>A5判 496頁 |
| **高分子分析ハンドブック** | 高分子分析研究懇談会 編<br>B5判 1268頁 |
| **エネルギーの事典** | 日本エネルギー学会 編<br>B5判 768頁 |
| **モータの事典** | 曽根 悟ほか 編<br>B5判 520頁 |
| **電子物性・材料の事典** | 森泉豊栄ほか 編<br>A5判 696頁 |
| **電子材料ハンドブック** | 木村忠正ほか 編<br>B5判 1012頁 |
| **計算力学ハンドブック** | 矢川元基ほか 編<br>B5判 680頁 |
| **コンクリート工学ハンドブック** | 小柳 洽ほか 編<br>B5判 1536頁 |
| **測量工学ハンドブック** | 村井俊治 編<br>B5判 544頁 |
| **建築設備ハンドブック** | 紀谷文樹ほか 編<br>B5判 948頁 |
| **建築大百科事典** | 長澤 泰ほか 編<br>B5判 720頁 |

価格・概要等は小社ホームページをご覧ください．